人生七味，都是好滋味

[台湾] 陈廷 / 编著

中国华侨出版社

图书在版编目（CIP）数据

人生七味/陈廷（台湾）著 .—北京：中国华侨出版社，2011.1
ISBN 978-7-5113-1155-9

Ⅰ.①人… Ⅱ.①陈… Ⅲ.①人生哲学—通俗读物 Ⅳ.①B821-49

中国版本图书馆 CIP 数据核字（2011）第 003095 号

● 人生七味

著　　者/	陈　廷
责任编辑/	李　晨
经　　销/	新华书店
开　　本/	710×1000 毫米　1/16　印张 15　字数 200 千字
印　　数/	5001-10000
印　　刷/	北京一鑫印务有限责任公司
版　　次/	2013 年 5 月第 2 版　2018 年 3 月第 2 次印刷
书　　号/	ISBN 978-7-5113-1155-9
定　　价/	29.80 元

中国华侨出版社　北京朝阳区静安里 26 号通成达大厦 3 层　邮编 100028
法律顾问：陈鹰律师事务所
编辑部：（010）64443056　　64443979
发行部：（010）64443051　　传真：64439708
网　　址：www.oveaschin.com
e-mail：oveaschin@sina.com

前言
Preface

现代社会是一个高速发展的社会，随着竞争的进一步加剧，很多人都处于紧张忙碌的生活节奏中，白领阶层更是如此。

忙无异是勤奋的表现，是获得成果的前提，但任何事都具有两方面的特性，唯乎适度，方为恰到好处，才能发挥出更好的效应。

现实中不少人认为忙才是唯一，忙的生活才是有价值的生活；忙才能获得价值感和认同感；以至于忙成为很多人引以为荣的生活态度，这其实是走入了认识误区。

每个人想要获得成功，都需要付出一定的努力，需要运用好自己的时间，不虚度时光，但这不代表每天都应该忙得天昏地暗，成为工作机器，忙得忽略了家庭、亲情、爱，忙得没有娱乐、丢掉了生活乐趣。

处于如此状态，使自己没有了思考的空间，让自己的人生沦为工具化状态，而且只知道一味地忙却不注意方向、方法的大忙人反而会离成功越来越远。在为梦想奋斗之时，注意良好的品性培养，树立适宜的志向，拥有坚定的信念，做到处世灵活、机智等等都可能帮助你更快走向成功。

心理学家研究证明，短短几分钟的散步、冥想、听音乐，足以让人心情舒畅，甚至达到超越自我的精神境界。

高速行驶，随时都有生命危险，必要的时候，放慢脚步却可使人生更加冷静。忙虽说是成功的必要条件，但若超出了身心的重负，必将会累垮自己，那么，再美妙的蓝图也难以企及，再美丽的憧憬也难构建。

生活匆匆的大忙人们，当你感到身心疲惫，压力重重，似乎有点儿透不过气时，不妨停下来，缓一缓匆匆的脚步，松一松紧绷的心弦，去聆听一下自然，去沐浴一下阳光，看看路上的风景，品一杯香茗，感受人生的美妙。

目 录
Contents

第一味　转念
——灵活处世不呆板，忙得有效率

勤奋辛苦并非最好的工作态度／3

人生管理的奥秘／5

别为自己套上枷锁／7

不要为自己的高度设限／9

永远不要奢求十全十美／11

避免"羚羊的思维"／14

小步稳妥更容易靠近成功／16

不要为了出风头而行动／18

先降低一下标准／20

不要让目标虚无飘渺无法实现／22

抱残守缺不如果断放弃／24

不因执念而烦恼／28

找出问题的关键所在 / 30

灵活的思维让努力事半功倍 / 32

积极思考，独辟蹊径 / 35

嘴上功夫也很重要 / 37

婉转曲折地表达自己的意见和建议 / 39

真诚不等于"实话实说" / 41

第二味　热情
——热情投入工作，忙得有乐趣

不要把工作当成一种负担 / 45

尽量从工作中寻找乐趣 / 47

不应做一天和尚撞一天钟 / 49

不要因为枯燥而失去乐趣 / 51

做好未来的计划，达到期待的结果 / 53

把卖鱼当成一种艺术 / 55

工作就是娱乐 / 57

热忱的态度是必要条件 / 60

该选哪一把钥匙 / 63

迅速地做出决定 / 65

把行动和空想结合起来 / 68

对自己狠一点 / 72

老钟表匠的启示 / 75

百发百中的秘密 / 77

是金子总会发光的 / 79

第三味　放下
——慢步的人生更有风味

慢下脚步会有更丰富的人生 / 83

匆匆抉择常会与目标背道而驰 / 85

急于求成只会揠苗助长 / 87

从容的步伐才是正确的速度 / 89

别等到失去了才想到珍惜 / 91

不要错过沿途的风景 / 93

放松心情，品尝人生滋味 / 95

主动松绑，做个悠客享受生活 / 98

第四味　勇气
——勇于挑战，胆气让人敢于展翅

机遇属于有勇气的人 / 103

勇敢地把"不"说出来 / 106

不迷信权威 / 108

生活需要勇气 / 110

表面的勇气不等于真的勇气 / 113

为美好而战 / 115
丢掉你的顾虑 / 118
告诉自己我可以 / 120
敢异想则天开 / 123
别丢掉进取心 / 125
永远都要坐第一排 / 128
真正的荣耀只能依靠自己 / 130
大不了回到从前 / 132

第五味　平衡
——劳逸结合，有张有弛

工作要进得去出得来 / 137
会休息才能高效工作 / 139
忙与闲要有机结合 / 141
适时休息，降低疲劳 / 143
别让疲劳吞噬了自己 / 145
让灵魂追得上人生的脚步 / 147
压力也要拿得起放得下 / 149
弄清楚你到底在忙什么 / 151
在欲望与现实之间找平衡点 / 154
输了自己，赢了世界又如何 / 157

第六味　爱
——再忙也要留点时间给爱

工作不是生活的全部 / 161

金钱永远代替不了亲情 / 163

不要用金钱来衡量真爱 / 165

只有时间才能真正认识爱 / 167

为爱心感恩 / 169

感恩父母 / 171

经营好自己的婚姻 / 174

学会低头，生活就会和谐 / 177

爱情不一定轰轰烈烈 / 179

拥有的就是最珍贵的 / 181

把痛苦关在门外 / 185

家的感觉来自于家人所给的爱 / 187

执子之手，不离不弃 / 189

爱也需要独立空间 / 191

爱的力量不可估量 / 193

真爱比生命更重要 / 195

生命边缘的感动 / 197

第七昧　品德
——打好品行基础，更易成功

维护人格的尊严 / 201

帮助别人解脱 / 203

责怪他人之前先弄清真相 / 205

最好的消息 / 208

应有的品质和高尚的品质 / 210

超越成败得失是非凡的成功 / 212

帮助他人，你也受益 / 214

与人方便，与己方便 / 216

帮助队友，你的成就更伟大 / 218

感谢你的对手 / 220

宽容别人对自己的伤害 / 222

不要忘了自己的身份 / 224

善于从自己身上找原因 / 228

第一味　转念
——灵活处世不呆板，忙得有效率

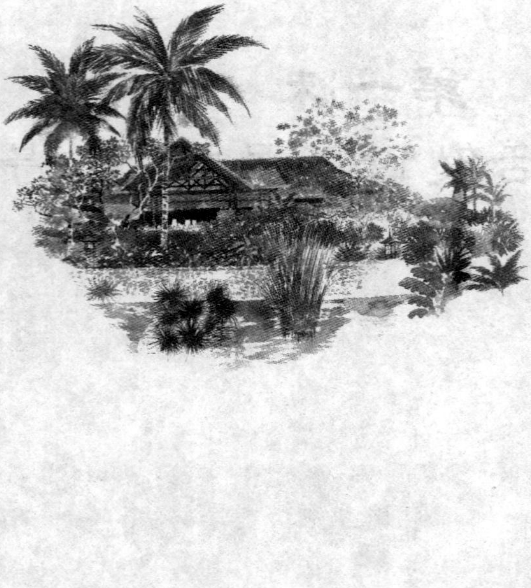

勤奋辛苦并非最好的工作态度

有一位贵族，他要出门到远方去。临行前，他把仆人们召集起来，按各人的才能，给他们银子。两年后，这位贵族回国了，把仆人叫到身边，了解他们经商的情况。

第一个仆人说："主人，你交给我五千两银子，我用它买卖古董，又赚了五千两。"贵族听了很高兴，赞赏地说："好，善良的仆人，你这么有赚钱的才能，又对我很忠诚，我要把许多事派给你管理。"

第二个仆人接着说："主人，你交给我两千两银子，我用它买了百顷良田，请佃农种地收取粮租，已经赚了五百两。"贵族也很高兴，赞赏这个仆人说："我可以把一些事交给你管理。"

第三个仆人来到主人面前，打开包得整整齐齐的手绢说："尊敬的主人，看哪，您的一千两银子还在这里。我把它埋在地里，每天辛辛苦苦、眼也不眨地看着它，听说您回来，我就把它挖了出来。"贵族的脸色沉了下来："你这又恶又懒的仆人，你真是浪费了我的钱！"

第一味　转念——灵活处世不呆板，忙得有效率

人生好滋味

　　不少人有这样的想法：只要自己勤劳、辛苦，就是对待工作最好的态度，老板看到后也一定会重视自己。其实不然，如果效率低下，不能给公司、老板带来更多的好处，那么即使你再忙再累，老板也不会器重你。

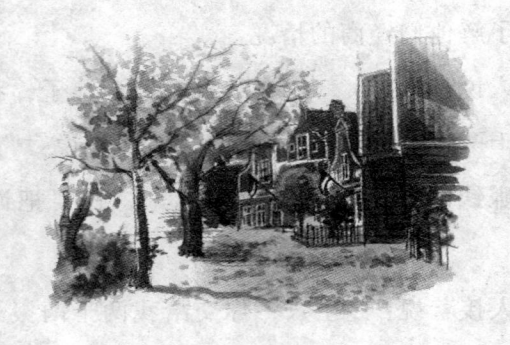

人生管理的奥秘

在一次管理课上，教授在桌子上放了一个装水的罐子，然后又从桌子下面拿出一些正好可以从罐口放进罐子里的鹅卵石。当教授把石块放完后问他的学生道："你们说这罐子是不是满的？"

"是。"所有的学生异口同声地回答说。

"真的吗？"教授笑着问。然后再从桌底下拿出一袋碎石子，把碎石子从罐口倒下去，摇一摇，再加一些，再问学生："你们说，这罐子现在是不是满的？"这回他的学生不敢回答得太快。最后班上有位学生怯生生地细声回答道："也许没满。"

"很好！"教授说完后，又从桌下拿出一袋沙子，慢慢地倒进罐子里。倒完后，教授再问班上的学生："现在你们再告诉我，这个罐子是满的呢？还是没满？"

"没有满。"全班同学这下学乖了，大家很有信心地回答说。"好极了！"教授再一次称赞这些孺子可教的学生们。称赞完了后，教授从桌底下拿出一大瓶水，把水倒在看起来已经被鹅卵石、小碎石、沙子填满了的罐子。当这些事都做完之后，教授严肃地问他班

——第一味 转念——
灵活处世不呆板，忙得有效率

上的同学："我们从上面这些事情得到什么重要的启示？"

班上一阵沉默，然后一位自以为聪明的学生回答说："无论我们的工作多忙，行程排得多满，如果再多努力些，还是可以多做些事的。"这位学生回答完后心中很得意地想："这门课讲的就是时间管理嘛！"

教授听到这样的回答后，点了点头，微笑道："答案不错，但并不是我要告诉你们的重要信息。"

说到这里，这位教授故意顿住，用眼睛向全班同学扫了一遍说："我想告诉各位最重要的信息是，如果你不先将大的鹅卵石放进罐子里去，你也许以后永远没机会把它们再放进去了。"

人生好滋味

对于工作中林林总总的事件，可以按重要性和紧急性的不同，组合出确定处理的先后顺序，以期做到将鹅卵石、碎石子、沙子、水都能放到罐子里去。对于人生旅途中出现的事件也应如此处理，也就是平常所说的处在哪一个阶段就要完成那个阶段应该完成的事，否则，时过境迁，到了下一个阶段就很难有机会补救，这是人生管理的奥秘。

别为自己套上枷锁

蜈蚣是用上百只细足蠕动前行的。

哲学家青蛙见了蜈蚣，久久地注视着它，心里很纳闷：四条腿走路都那么困难了，蜈蚣居然有上百只脚，它到底是如何行走的？简直是奇迹！而它又怎么知道该是哪只脚先走，哪只脚后走？接下来又是哪一只呢？有上百只腿呢！

"我是个哲学家，但是被你弄糊涂了，有个问题我百思不得其解，你是怎么走路的？用这么多只脚走路，这简直不可能！"

蜈蚣说："我一生下来就是这样走路的，一直到现在，但我从来没想过这个问题。现在我必须好好思考一下才能回答你。"

蜈蚣站在那儿好几分钟，它发现自己动不了了。摇晃了好一会儿，最后蜈蚣终于倒下了。

蜈蚣告诉青蛙："请你不要再去问其他蜈蚣同样的问题。我一直都在走路，这根本不成问题，但现在我已经无法控制自己的脚了！上百只脚都要移动，我该怎么办呢？"

读这个故事时，令人想起另一个关于走路的寓言故事。

有一个燕国人，听说邯郸人走路的样子特别好看，就去那里学习。看到那儿小孩走路，他觉得活泼，他就模仿；看到妇女走路，摇摆多姿，他也模仿。看见老人走路，他觉得稳重，他还是模仿。由于他只知一味地模仿，结果不但没有学会邯郸人走路的样子，反而连自己是怎么走路的也忘了，最后只好爬着回家。

人生好滋味

人生追求的不是方式，而是最后目标，所以只要不走歪门邪道，什么方式并不是最重要的。如果事先作了太多刻板的界定，反而会束缚自己，甚至导致目标无法实现，最后一事无成。做人对自己有信心，试着去享受生命中的自然，不要事事引经据典，否则会让自己无所适从。

不要为自己的高度设限

有人曾经做过这样一个实验：他往一个玻璃杯里放进一只跳蚤，发现跳蚤立即轻易地跳了出来。再重复几遍，结果还是一样。一测试，原来跳蚤跳的高度一般可达它身体的四百多倍。

接下来，实验者再次把这只跳蚤放进杯子里，不过这次是立即同时在杯上加一个玻璃盖，"嘣"的一声，跳蚤重重地撞在玻璃盖上。

跳蚤十分困惑，但是它没有停下来，因为跳蚤的生活方式就是"跳"。一次次被撞，跳蚤开始变得聪明起来了，它开始根据盖子的高度来调整自己跳的高度。再一阵子以后呢，发现这只跳蚤再也没有撞击到这个盖子，而是在盖子下面自由地跳动。

一天后，实验者把这个盖子轻轻拿掉了，它还是在原来的这个高度继续地跳。三天以后，他发现这只跳蚤仍然在跳。

一周以后，实验者发现，这只可怜的跳蚤还在这个玻璃杯里不停地跳着，其实它已经无法跳出这个玻璃杯了。

生活中，是否有许多人也在过着这样的"跳蚤人生"？年轻时

——第一味 转念——
灵活处世不呆板，忙得有效率

意气风发，屡屡去尝试成功，但是往往事与愿违，屡屡失败。

几次失败以后，他们便开始抱怨这个世界的不公平，或是怀疑自己的能力，他们不是千方百计去追求成功，而是一再地降低成功的标准，即使原有的一切限制已取消。就像实验中的跳蚤，杯子上的玻璃盖虽然已被取掉，但他们早已经被撞怕了，或者已习惯了，再也跳不上新的高度。人们往往因为害怕去追求成功时碰壁，而甘愿忍受失败者的生活。

难道跳蚤真的不能跳出这个杯子吗？绝对不是。只是它的心里面已经默认了这个杯子的高度是自己无法逾越的。

人生好滋味

很多人不敢去追求成功，不是追求不到成功，而是因为他们的心里面也默认了一个"高度"，这个高度常常暗示自己的潜意识：成功是不可能的，这是没有办法做到的。"心理高度"是人无法取得成就的根本原因之一。

永远不要奢求十全十美

很久很久以前，城堡里住着一个国王。他有七个女儿，这七位美丽的公主是国王的骄傲。她们不但长的美丽，而且每个人都有一头乌黑亮丽的长发，城堡内外的人们没有不知道的，所以国王送给她们每人一百个漂亮的发夹。

有一天早上，大公主醒来，一如往常地用发夹整理她的秀发，却发现少了一个发夹，于是她偷偷地到了二公主的房里，拿走了一个发夹。二公主发现少了一个发夹，便到三公主房里拿走一个发夹；三公主发现少了一个发夹，也偷偷地拿走四公主的一个发夹；四公主如法炮制拿走了五公主的发夹；五公主一样拿走六公主的发夹；六公主只好拿走七公主的发夹。

于是，七公主的发夹只剩下九十九个。第二天，他们邻国一个英俊的王子忽然来到皇宫。

他对国王说："昨天我养的百灵鸟叼回了一个发夹，我想这一定是属于公主们的，而这也真是一种奇妙的缘分，不晓得是哪位公主掉了发夹？"

六位公主听到了这件事，都在心里说："是我掉的，是我掉的。"可是头上明明又都别着一百个发夹，所以说不出口，十分懊恼。只有七公主走出来说："我掉了一个发夹。"话才说完，一头漂亮的长发因为少了一个发夹，全部披散了下来，王子一下子就爱上了她，两人从此过着幸福快乐的日子。

米洛斯的维纳斯雕像是希腊划时代的一件不寻常的杰作，它以卓越的雕刻技巧、完美的艺术形象、高度的诗意，以及巨大的魅力，获得了观众的赞赏。

然而，她失去的双臂给人留下充分的想象空间，更令人觉得有一种摄人心魄的美的魅力，透散出一种缺憾的美。曾经，有人想为她接上断臂而提出过种种奇思异想，认为如果把她失去的双臂复原的话，那一定会更全更美。

但是，"十全"是否就一定"十美"？美的是否一定要"全"呢？维纳斯失去了美丽的双臂，但却出乎意料地获得一种不可思议的抽象艺术效果，给人一种难以准确描绘的神秘气氛。

试想，如果她原本双臂就完好，难道还会有那种神秘的魅力来吸引、攫住众人的心吗？还会引得那么多的人来研究她吗？

失去给人带来一种缺憾美，但断臂的维纳斯正是因为不害怕失去，才获得比失去更有价值的艺术美。不过，承认缺憾的美感并不是不去奋斗追求。追求完美、正视缺憾才是人生最高的境界。

人生好滋味

生活中，许多人喜欢追求完美，但真正的完美没有几个人能追求到。于是就有了遗憾，有了痛苦，有了失落感。其实这大可不必，因为缺憾也有它的美，就看人们是否能体会得到。逃避不一定躲得过，面对不一定最难受，孤单不一定不快乐，得到不一定能长久，失去不一定不再有，转身不一定最软弱，别急着对自己说别无选择。

|第一味 转念|
——灵活处世不呆板，忙得有效率

避免"羚羊的思维"

为了达到你的目标,你必须学习避免美国心理学家考克斯所提出的"羚羊的思维"。

考克斯和约翰一起进行了一次凌晨穿越赛伦吉堤大平原的飞行。那里景色非常优美,他们能看见大象、狮子和大群羚羊席卷穿过整个平原。

"羚羊的数量这么大,真是一件好事啊!"他们的非洲导游注意到他们正盯着那一大群羚羊时说着,"否则,这个物种很快就会灭绝。"

考克斯问他为什么这么说,他笑了,然后指着一头停止奔跑的羚羊说:"你将会注意到那只羚羊跑不了多远了。它们停下来不是因为意识到有什么重要的事情需要思考,也不是因为它们累了,是因为它们太愚蠢,以至于忘记了当初它们为什么要奔跑。"

非洲导游停了一下,继续说:"它们发现了天敌,本能地逃开,开始向相反的方向跑。但是它们忘记了是什么让它们奔跑,甚至有时候是在最不适当的时候停下来。我曾经看见它们就停在天敌旁边,有时甚至向某个天敌走过去,似乎已经忘记这是几分钟以前让自己惊慌失措的动物。它们就差一点冲上去说：嘿！狮子先生，你饿了吗？在找午餐吗？如果不是有一大群羚羊的话，我想这整个种群将在几个星期之内被消灭殆尽。"

当时，考克斯在热气球里很容易去嘲笑那些羚羊，而在这次飞行结束以前，他发现自己有了一个很有趣的想法——在现实的商业世界中，他曾经见过同样的问题。

是不是有许多人有一些举动让你想起那些羚羊呢？他们有不错的主意，他们为自己设立一个目标，而且为这个目标努力了一天或仅仅半天，甚至只是实行了四十分钟，就会对自己说："嗯，这太难了。这比我想象的难多了。"接着他们就会永远停在那里一动也不动。

为了避免"羚羊思维"，你必须确定一个目标，然后坚持不懈地向它努力。你不要想在路上停下来，而且当你给自己设想的"天敌"——竞争对手逼近的时候，你更不能停下来。

当每天结束的时候，你必须好好总结一下，并且问自己："距离我为自己设定的主要目标，今天我又走近了多少？"如果你没有为达到目标做出什么有意义的行动，也就是说今天你停在路上，那么你必须决心从此时此刻开始就让自己振作起来。

人生好滋味

生活中许多人是习惯性羚羊思维的牺牲品。通常，问题并不是在他们朝目标努力的过程中犯错，而是他们没有坚持继续向目标努力。

第一味 转念 —— 灵活处世不呆板，忙得有效率

小步稳妥更容易靠近成功

报纸上曾经报道一位拥有一百万美元的富翁，原来却只是一个乞丐。看到这则报道，许多人心中难免怀疑：依靠人们施舍一分、一毛的人，为何却拥有如此巨额的存款？

事实上，这些存款当然并非凭空得来，而是由一点点小额存款累聚而成。一分到十元，到千元，到万元，到百万元，就这么积聚而成。若想靠乞讨很快存满一百万美元，那是几乎不可能的。

为了要达成主目标，不妨先设定"次目标"，这样会比较容易达到目的。许多人会因目标过于远大，或理想太过崇高而易于放弃，这是很可惜的。若设定了"次目标"，便可较快获得令人满意的成绩，能逐步完成"次目标"，心理上的压力也会随之减小，主目标总有一天也能完成。

曾经有一位六十三岁的老人从纽约市步行出发，经过长途跋涉，克服了重重困难，她终于到达了迈阿密市。

在那儿，有位记者采访她。记者想知道，这路途中的艰难是否曾经吓倒过她？她是如何鼓起勇气，徒步旅行的？

老人答道:"走一步路是不需要勇气的。我所做的就是这样。我先走了一步,接着再走一步,然后再一步,我就到了这里。"

人生好滋味

做任何事,只要你迈出了第一步,然后再一步步地走下去,你就会逐渐靠近你的目的地。如果你知道你的具体的目的地,而且向它迈出了第一步,你便离成功之巅越来越近!

——第一味 转念 灵活处世不呆板,忙得有效率

不要为了出风头而行动

拉利是一个卡车司机,他毕生的理想是飞行。他高中毕业后便加入了空军,希望成为一位飞行员。很不幸,他的视力不及格,因此当他退伍时,只能看着别人驾驶喷气式战斗机从他家后院飞过,或坐在草坪的椅子上,幻想着飞行的乐趣。

一天,拉利想到一个办法。他到当地的军队剩余物资店,买了一筒氦气和四十五个探测气象用的气球。那可不是颜色鲜艳的气球,而是非常耐用、充满气体时直径达四英尺大的气球。

在自家的后院里,拉利用皮条把大气球系在草坪的椅子上,他把椅子的另一端绑在汽车的保险杆上,然后开始给气球充气。接下来他又准备了三明治、饮料和一支气枪,以便在希望降落时可以打破一些气球,以使自己缓缓下降。

完成准备工作之后,拉利坐上椅子,割断拉绳。他的计划是慢慢地降落回到地上,但事实可不是如此。当拉利割断拉绳,他并没有缓缓上升,而是像炮弹一般向上发射;他也不仅是飞到二百英尺高,而是一直向上爬升,直到停在一万一千英尺的高空!

在那样的高度，他不敢贸然弄破任何一个气球，免得失去平衡，在半空中突然往下坠落。于是他停留在空中，飘浮了大约十四小时，他完全不知道该如何回到地面。

终于，拉利飘浮到洛杉矶国际机场的进口通道。一架法美航机的飞行员通知指挥中心，说他看见一个家伙坐在椅子上悬在半空，膝盖上还放着一支气枪。

洛杉矶国际机场的位置是在海边，到了傍晚，海岸的风向便会改变。那时候，海军立刻派出一架直升机去营救；但救援人员很难接近他，因为螺旋桨发出的风力一再把那自制的新奇机械吹得愈来愈远。终于他们停在拉利的上方，垂下一条救生索，把他慢慢地拖上去。

拉利一回到地面便遭到逮捕。当他被戴上手铐，一位电视新闻记者大声问他："这位先生，你为什么要这样做？"拉利停下来，瞪了那人一眼，满不在乎地说："人总不能无所事事。"

人生好滋味

几乎每个人都知道，人总不能无所事事，人生必须有目标，必须采取行动！但是，聪明的人知道，目标必须切合实际，行动也必须积极有效。不能为了出风头或一时痛快而不顾可能产生的不良后果。

——第一味 转念——
灵活处世不呆板，忙得有效率

先降低一下标准

　　一个初秋的傍晚，一只蝴蝶从窗户飞进来，在房间里一圈又一圈地飞舞，不停地拍打着翅膀，它显得惊慌失措。显然，它迷了路。

　　蝴蝶左冲右突努力了好多次，都没能飞出房子。这只蝴蝶之所以无法从原路出去，原因在于它总在房间顶部的那点空间寻找出路，而不肯往低处飞——低一点的地方就是开着的窗户。甚至有好几次，它都飞到离窗户顶部至多两三寸的位置了。

　　最后，这只不肯低飞一点的蝴蝶耗尽全部气力，奄奄一息地落在桌上，像一片毫无生机的叶子。

　　其实，把目前的目标降低一下，它就可以达到目的并有机会冲向湛蓝的天空。

人生好滋味

　　远大的理想给人的感觉往往多是遥不可及的，所以总会让人觉得枯燥、疲惫。如果把它分成若干段，每段都是一个小目标，这样既容易实现又有一种成就感，总是一个喜悦接一个喜悦，这样就很容易坚持下来，当然理想也就能很容易实现了。

——第一味 转念 灵活处世不呆板，忙得有效率

不要让目标虚无飘渺无法实现

曾有人做过一个实验：组织三组人，让他们分别向着十公里以外的三个村子步行。

第一组的人不知道村庄的名字，也不知道路程有多远，只被告知他们跟着向导走就是。刚走了两三公里就有人叫苦，走了一半时有人几乎愤怒了，他们抱怨为什么要走这么远，何时才能走到？有人甚至坐在路边不愿走了，越往后走他们的情绪越低。

第二组的人知道村庄的名字和路程，但路边没有里程碑，他们只能凭经验估计行程时间和距离。

走到一半的时候大多数人就想知道他们已经走了多远，比较有经验的人说："大概走了一半的路程。"

于是大家又簇拥着向前走，当走到全程的四分之三时，大家情绪低落，觉得疲惫不堪，而路程似乎还很长，当有人说："快到了！"大家又振作起来加快了步伐。

第三组的人不仅知道村子的名字、路程，而且公路上每一公里就有一块里程碑，人们边走边看里程碑，每缩短一公里大家便有一小阵的快乐。行程中他们用歌声和笑声来消除疲劳，情绪一直很高涨，所以很快就到达了目的地。

人们的行动有明确的目标，并且把自己的行动与目标不断加以对照，清楚地知道自己的进行速度和与目标相距的距离时，行动的动机就会得到维持和加强，人就会自觉地克服一切困难，努力达到目标。目标设计得越具体、越细化，越容易实现。

老子说："天下大事，必做于细。"而所谓的"细"，就是一个明确的目标。

人生好滋味

与人合作或分配工作时，设法让别人知道明确的目标，会激发同事或下属的斗志，不至于让别人在漫无目的的努力之中失去动力。其实，人都一样，不了解具体该干些什么，不知道离目标的确切距离，很容易产生不良情绪，进而影响到工作态度和工作热诚。

——第一味 转念——
灵活处世不呆板，忙得有效率

抱残守缺不如果断放弃

这只是一个美丽的神话,却告诉我们一个深刻的哲理。

有个年轻美丽的女孩,多才多艺,又出身豪门,家产丰厚,日子过得很好。但媒婆都快把她家的门坎给踩烂了,她却一直不想结婚,因为她觉得还没见到她真正想要嫁的那个男孩。

直到有一天,她去一个庙会散心,在万千拥挤的人群中,看见了一个年轻的男子,不用多说什么,反正女孩觉得那个男子就是她苦苦等待的白马王子。可惜,庙会太挤了,她无法走到那个男子的身边,只能眼睁睁地看着他消失在人群中。

后来的两年里,女孩四处去寻找那个男子,但这人就像蒸发了一样,无影无踪。女孩每天都向佛祖祈祷,希望能再见到那个男子。她的诚心打动了佛祖,佛祖显灵了。佛祖说:

"你想再看到那个男人吗?"

女孩说:"是的!我只想再看他一眼!"

佛祖说:"要你放弃你现在的一切,包括爱你的家人和幸福的生活,你会吗?"

女孩说:"我能放弃!"

佛祖说:"你还必须修炼五年道行,才能见他一面。你不后悔?"

女孩说:"我不后悔!"

佛祖将女孩变成了一块大石头,躺在荒郊野外。经历了四年多的风吹日晒,虽然苦不堪言,但女孩都没觉得难受,让她难受的是这四年多都看不到一个人,看不见一点点希望,这简直让她快崩溃了。

最后一年,一个采石队来了,看中了她,把她凿成一块巨大的条石,运进了城里。他们正在建一座石桥,于是,女孩变成了这座石桥的护栏。就在石桥建成的第一天,女孩就看见了那个她等了五年的男人!他行色匆匆,像有什么急事,很快地从石桥的正中走过。

当然,他不会发觉有一块石头正目不转睛地望着他。男子又一次消失了。

佛祖再次出现在她的面前,问她:"你满意了吗?"

"不!"女孩说,"为什么?为什么我只是桥的护栏?如果我被铺在桥的正中,我就能碰到他了,我就能摸他一下!"

佛祖说:"你想摸他一下?那你还得修炼五年!"

女孩说:"我愿意!"

佛祖说:"你放弃了那么多,又吃了这么多苦,不后悔?"

女孩说:"不后悔!"

佛祖将女孩变成了一棵大树,立在一条人来人往的官道上,这里每天都有很多人经过,女孩每天都在路旁观望。然而这让女孩更难受,因为无数次满怀希望地看见一个人走来,又无数次希望破灭。如果不是有前五年的修炼，相信女孩早就崩溃了！

　　日子一天天地过去，女孩的心逐渐平静了，她知道，不到最后一天，他是不会出现的。又是一个五年啊！最后一天，女孩知道他会来了，但她的心中竟然不再有激动。来了！他来了！他还是穿着他最喜欢的白色长衫，脸还是那么俊美，女孩痴痴地望着他。

　　这次，他没有急匆匆地走过，因为，天太热了。他注意到路边有一棵大树，那浓密的树阴很诱人。休息一下吧。他这样想。

　　他走到大树脚下，靠着树根，微微地闭上了双眼，他睡着了。女孩摸到他了！他就靠在她的身边！但是，她却无法告诉他，这么多年的相思。她只有尽力把树阴聚集起来，为他挡住毒辣的阳光。这是多年的柔情啊！

　　男人只是小睡了一刻，因为他还有事要办，他站起身来，拍拍长衫上的灰尘。在动身的前一刻，他回头看了看这棵大树，又微微地抚摸了一下树干，大概是为了感谢大树为他带来清凉吧。

　　然后，他头也不回地走了！就在他消失在她的视线的那一刻，佛祖又出现了。

　　佛祖再次问："你放弃了那么多，又吃了这么多苦，不后悔？"

　　女孩说："不后悔！"

　　佛祖："哦？"

　　女孩说："他现在的妻子也像我这样受过苦吗？"

　　佛祖微微点了点头说："是的，而且比你受的苦还要多得多！你是不是还想做他的妻子？那你还得修炼，直到……"

　　女孩平静地打断了佛祖的话："我是很想，但是不必了。"

然后女孩微微一笑，接着道："我也能做到的，但是真的不必了。他既已是别人的丈夫，原本不该属于我。这样已经很好了，爱他，并不一定要做他的妻子。"

爱情的快乐就在于爱。其实，爱的过程比结果更让人激动和幸福。爱一个人，不一定就要拥有他，太多的原因不能够在一起时，就要学会放弃，这对双方都是有益的。

这只是个故事，但生活中太多类似的事情，例如另一个小故事。

一次春游时，一位老者一不小心将刚买的新鞋掉到山崖下一只，周围的人倍感惋惜。不料那老者立即把第二只鞋也扔了下去。这一举动令大家很吃惊。

老者解释道："这一只鞋无论多么昂贵，对我而言都没用了，如能有谁捡到一双鞋子，说不定他还能穿呢！"

人生好滋味

执著固然让人钦佩，然而放弃则更需要勇气。当努力的结果与付出失去平衡时，当所有的执著不再有什么意义时，一定要有勇气放弃，那将会绽放出另一种美丽的花朵。成就大事的人大多有执著的毅力，但是他们懂得随势而动，绝不固执，该放手时就放手，而缺乏这种境界的人，过于执著，最后抱憾终身。

第一味 转念——灵活处世不呆板，忙得有效率

不因执念而烦恼

唐代高僧寒山禅师曾作《蒸砂拟作饭》的诗偈：

蒸砂拟作饭，临渴始掘井。

用力磨碌砖，那堪将作镜。

佛说元平等，总有真如性。

但自审思量，不用闲争竞。

后人常以"磨砖成镜"，来比喻那些执著于无望事情的愚蠢行为。寒山禅师的诗中前四句连用"蒸砂做饭、临渴掘井"两个禅宗话头和"磨砖成镜"的譬喻，都指出参禅若寻不得途径，即便是有执著精神，也必然是南辕北辙、一事无成。

神赞和尚原来在福州大中寺学习，后来外出参访的时候遇见百丈禅师而开悟，随后又回到了原来的寺院。

他的老师问："你出去这段时间，取得什么成就没有？"

神赞说："没有。"然后，还是和以前一样，服侍师父，做些杂役。

有一次老师洗澡，神赞给他搓背的时候说："大好的一座佛殿，可惜其中的佛像不够神圣。"见到老师回头看他，神赞又说："虽然佛像不神圣，可是却能够放光！"

又有一天，老师正在看佛经，有一只苍蝇一个劲儿地向纸窗上撞，试图从那里飞出去。神赞看到这一幕，禁不住做偈一首："空门不肯出，投窗也太痴，百年钻故纸，何日出头时？"

他的老师放下手中佛经问道："你外出参学期间到底遇到了什么高人，为什么你访学前后的见解差别如此之大？"

神赞只好承认："承蒙百丈和尚指点有所领悟，现在我回来是要报答老师您的恩情。"

神赞见到老师为书籍文字所困，不好意思直接点明，只好借助苍蝇的困境来指出老师的不足。文字语言都是一时一地的工具，事过境迁再执著于文字，就会如同那只迷惑的苍蝇一样总是碰壁。

人生好滋味

倘若一个人能够放下心中的执著、破除心理的固执念头，人生将会少许多烦恼、多些成功。相反，如果我们过于执著于那些本不该执著的事情，我们将会迷失更多的人生。

——第一味 转念——
灵活处世不呆板，忙得有效率

找出问题的关键所在

英国一家报纸举办一项高额奖金的有奖征答活动。

题目是：

在一个充气不足的热气球上，载着三位关系人类兴亡的科学家，热气球即将坠毁，必须丢出一个人以减轻载重。

三个人中，一位是环保专家，他的研究可拯救无数因环境污染而身陷死亡的厄运的生命；一位是原子专家，他有能力防止全球性的原子战争，使地球免遭毁灭；另一位是粮食专家，他能够使不毛之地生长谷物，让数以亿计的人们脱离饥饿。

奖金丰厚，来信的答案众说不一。

但最后巨额奖金的得主却是一个小男孩，而这小男孩的答案是——把最胖的科学家丢出去。

人生好滋味

　　工作之中，常会遇到千头万绪，问题多多的情况，往往弄得我们晕头转向，不辨东西。这时分清问题的轻重缓急，找到其中最迫切需要解决的问题，并且集中力量解决它，是最该做的事。

——第一味 转念

灵活处世不呆板，忙得有效率

灵活的思维让努力事半功倍

从前有两个年轻人,一个叫小山,一个叫小水,他们住在同一村庄,是最要好的朋友。由于居住在偏远的乡村谋生不易,他们就相约到外地去做生意,于是同时把田产变卖,带着所有的财产和驴子到远方去了。

他们首先抵达一个盛产麻布的地方,小水对小山说:"在我们的故乡,麻布是很值钱的东西,我们把所有的钱换取麻布,带回故乡一定会有利润的。"小山同意了,两人买了麻布,细心地捆绑在驴子背上。

接着,他们到了一个盛产毛皮的地方,那里也正好缺少麻布,小水就对小山说:"毛皮在我们故乡是更值钱的东西,我们把麻布卖了,换成毛皮,这样不但我们的本钱收回了,返乡后还有很高的利润!"

小山说:"不了,我的麻布已经很安稳地捆在驴背上,要搬上搬下多么麻烦呀!"

小水把麻布全换成毛皮,还多了一笔钱。小山依然有一驴背的麻布。

他们继续前进到一个生产药材的地方，那里天气苦寒，缺少毛皮和麻布，小水就对小山说："药材在我们故乡是更值钱的东西，你把麻布卖了，我把毛皮卖了，换成药材带回故乡一定能赚大钱的。"

小山拍拍驴背上的麻布说："不行，我的麻布已经很安稳地捆在驴背上，何况已经走了那么长的路，装上卸下地太麻烦了！"小水把毛皮都换成药材，又赚了一笔钱。小山依然有一驴背的麻布。

后来，他们来到一个盛产黄金的小镇，那是个不毛之地，非常欠缺药材，当然也缺少麻布。

小水对小山说："在这里药材和麻布的价钱很高，黄金很便宜，我们故乡的黄金却十分昂贵，我们把药材和麻布换成黄金，这一辈子就不愁吃穿了。"

小山再次拒绝了："不！不！我的麻布在驴背上很稳，我不想变来变去呀。"小水卖了药材，换成黄金，小山依然守着一驴背的麻布。

最后，他们回到了故乡，小山卖了麻布，虽然也获得了一定的利益，但和他辛苦的远行不成比例。而小水把黄金卖了以后，一跃成为当地最大的富翁。

第一味 转念——灵活处世不呆板，忙得有效率

33

人生好滋味

　　执著的精神固然可贵，但过于的执著就是迂腐麻木，因为任何事物都不是一成不变的，如果在前进的路途上有变化时，我们应该学会多角度地考虑问题，适当地加以变通，唯有这样才能使自己立于不败之地。

积极思考，独辟蹊径

两个青年一起开发山林，一个把石块砸成石子运到路边，卖给建房子的人，一个直接把石块运到码头，卖给花鸟商人。因为这儿的石头总是奇形怪状，他认为卖重量不如卖造型。三年后，卖怪石的青年成为村里第一个盖起楼房的人。

后来，这儿不许再开山，只能种树，这儿又成了果园。每到秋天，漫山遍野的苹果招来八方商客。村民把堆积如山的苹果成筐成筐地运往城市，然后再送到国外贩卖。因为这儿的苹果又大又红，香甜无比，所以十分畅销。

就在村上的人为苹果带来的小康日子欢呼雀跃时，曾卖过怪石的人卖掉果树，开始种柳。因为他发现，来这儿的客商不愁挑不到好苹果，只愁买不到盛苹果的筐。五年后，他成为第一个在城里买房的人。

再后来，一条铁路从这儿贯穿南北，这里的人上车后，可以到极北和极南，十分便利。小村对外开放，果农也开始发展果品加工，以及市场开发。

就在一些人开始集资办厂的时候，那个人又在他的地头砌了一道三公尺高、百公尺长的墙。这道墙面向铁路，背依翠柳，两旁是一望无际的万亩果园。坐火车经过这里的人，在欣赏美丽景色时，会醒目地看到一个大广告。

据说这是五百里山川中唯一的一个广告，那道墙的主人仅凭这座墙，每年又有四万元的额外收入。

20世纪90年代末，日本一著名公司的人士来华考察，当他坐火车经过这个小山村的时候，听到这个故事，马上被此人惊人的商业头脑所震惊，当即决定下车寻找此人。

当日本人找到这个人时，他正在自己的店门口与对门的店主吵架。原来，他店里的西装标价八百元一套，对门就把同样的西装标价七百五十元；他标价七百五十元，对门就标价七百元。一个月下来，他仅批发出八套，而对门的客户却越来越多，一下子卖出了八百套。

日本人一看这情形，对此人失望不已。但是当他弄清真相后，又惊喜万分，当即决定以百万年薪聘请他。原来，对面那家店也是他的。

人生好滋味

在竞争激烈的角逐中，创新思维显得尤为重要，亦步亦趋地跟在别人的后边，只能一步步被淘汰。只有积极地思考，敢于独辟蹊径者，事事敢为人先的人，才有可能成为最后的赢家。

嘴上功夫也很重要

理发师傅带了个徒弟。徒弟学艺三个月后，这天正式上岗，他给第一位顾客理完发，顾客照照镜子说："头发留得太长。"徒弟不语。

师傅在一旁笑着解释："头发长，使您显得含蓄，这叫藏而不露，很符合您的身份。"顾客听罢，高兴而去。

徒弟给第二位顾客理完发，顾客照照镜子说："头发剪得太短。"徒弟无语。

师傅笑着解释："头发短，使您显得精神、朴实、厚道，让人感到亲切。"顾客听了，欣喜而去。

徒弟给第三位顾客理完发，顾客一边交钱一边笑道："花时间挺长的。"徒弟无言。

师傅笑着解释："为'首脑'多花点时间很有必要，您没听说：进门苍头秀士，出门白面书生？"顾客听罢，大笑而去。

徒弟给第四位顾客理完发，顾客一边付款一边笑道："动作挺利落，二十分钟就解决问题。"徒弟不知所措，沉默不语。

——第一味 转念——
灵活处世不呆板，忙得有效率

师傅笑着抢答:"如今,时间就是金钱,'顶上功夫'速战速决,为您赢得了时间和金钱,您何乐而不为?"顾客听了,欢笑告辞。

晚上打烊。徒弟怯怯地问师傅:"您为什么处处替我说话?反过来,我没一次做对过。"

师傅宽厚地笑道:"不错,每一件事都包含着两重性,有对有错,有利有弊。我之所以在顾客面前鼓励你,作用有二:对顾客来说,是讨人家喜欢,因为谁都爱听吉言;对你而言,既是鼓励又是鞭策,因为万事开头难,我希望你以后把活做得更加漂亮。"

徒弟很受感动,从此,他越发刻苦学艺。日复一日,徒弟的技艺日益精湛。

人生好滋味

一件极普通的小事,由于说话方法不同,最后的意义也大不相同,所获得的效果和回报也绝对不一样。所以,不仅要会做人做事,还要会说,充分运用自己的口才,使自己的成绩锦上添花。不过,也要注意对方的需求和喜好,否则很容易弄巧成拙,给人留下油嘴滑舌、不务正业的坏印象。

婉转曲折地表达自己的意见和建议

山顶住着一位智者,他胡子雪白,谁也说不清他有多大年纪。男女老少都非常尊敬他,不管谁遇到大事小情,他们都来找他,请求他提些忠告。但智者总是笑眯眯地说:"我能提些什么忠告呢?"

这天,又有一个年轻人来求他提忠告。

智者仍然婉言谢绝,但年轻人苦缠不放。智者无奈,他拿来两块窄窄的木条,两撮钉子,一撮螺钉,一撮直钉。另外,他还拿来一个头,一把钳子,一个改锥。

他先用锤子往木条上钉直钉,但是木条很硬,他费了很大劲,也钉不进去,倒是把钉子砸弯了,不得不再换一根。一会儿工夫,好几根钉子都被他砸弯了。

最后,他用钳子夹住钉子,用头使劲砸,钉子总算弯弯扭扭地进到木条里面去了。但他也前功尽弃了,因为那根木条也裂成了两半。

智者又拿起螺钉、改锥和锤子,他把钉子往木板上轻轻一砸,然后拿起改锥拧了起来,没费多大力气,螺钉就钻进木条里了,天

第一味 转念——灵活处世不呆板,忙得有效率

39

衣无缝。而他剩余的螺钉，还是原来的那一撮。

智者指着两块木板笑笑："忠言不必逆耳，良药不必苦口，人们津津乐道的逆耳忠言、苦口良药，其实都是笨人的笨办法。那么硬碰硬有什么好处呢？说的人生气，听的人上火，最后伤了和气，好心变成了冷漠，友谊变成了仇恨。我活了这么大，只有一条经验，那就是绝对不直接向任何人提忠告。当需要指出别人的错误的时候，我会像螺丝钉一样婉转曲折地表达自己的意见和建议。"

人生好滋味

"忠言不必逆耳，良药不必苦口"，在人际交往中，要学会像螺丝钉一样婉转曲折地表达自己的意见和建议。这样，既达到了自己的目的，又不致破坏了自己的人际关系，实在是一举两得。

真诚不等于"实话实说"

舞蹈家邓肯是19世纪最富传奇色彩的女性，热情浪漫外加叛逆的个性，使她成为反对传统婚姻和传统舞蹈的前卫人物。她小时候更是纯真，常坦率得令人发窘。

圣诞节，学校举行庆祝大会，老师一边分糖果、蛋糕，一边说着："看啊，小朋友们，圣诞老公公给你们带来什么礼物？"

邓肯马上站起来，严肃地说："世界上根本没有圣诞老公公。"

老师虽然很生气，但还是压住心中的怒火，改口说："相信圣诞老公公的乖女孩才能得到糖果。"

"我才不稀罕糖果。"邓肯回答。

老师勃然大怒，处罚邓肯坐到前面的地板上，不让她再参加聚会。

人生好滋味

　　一些忠直的人，喜欢实话实说，常常让人觉得太过莽直，锋芒毕露。但是，人无论处在何种地位，也无论是在哪种情况下，都喜欢听好话，喜欢受到别人的赞扬，不愿听到伤害自己的话。为人必须有锋芒也有魄力，在特定的场合显示一下自己的锋芒，是很有必要的，但是如果太过，不仅会刺伤别人，也会损伤自己。

第二味　热情
——热情投入工作，忙得有乐趣

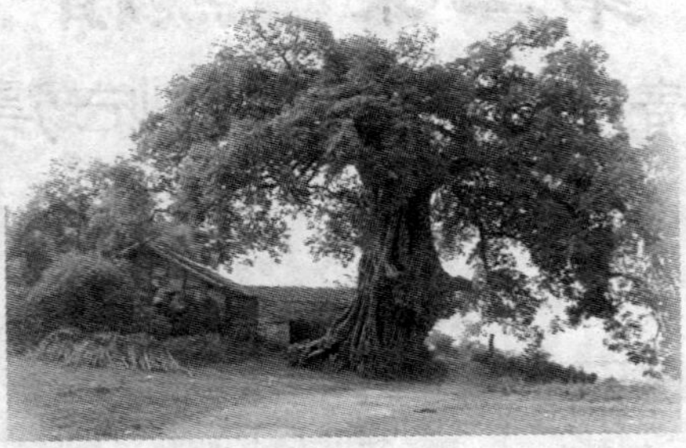

不要把工作当成一种负担

  有三个砌墙工人在砌墙，有人看到了，问其中一个工人，说："你在做什么？"

  这个工人没好气地说："没看见吗？我在砌墙！"

  于是他转身问第二个人："你在做什么呢？"

  第二个人说："我在建一栋漂亮的大楼！"

  这个人又问第三个人，第三人嘴里哼着小调，欢快地说："我在建一座美丽的城市。"

  经过一段时间后，第三位砌墙工人成了前两位的老板。

——第二味 热情 热情投入工作，忙得有乐趣

人生好滋味

　　如果都像第一个人，愁苦地面对自己的工作，再好的工作也不会有什么成效；而同样平凡的工作，一样地看似简单重复、枯燥乏味，有人却能以快乐的心情面对，在平凡中感知不平凡，在简单中构筑自己的梦想，工作又怎么会是一种负担呢？

尽量从工作中寻找乐趣

当我们在做自己喜欢的事情时，很少感到疲倦，很多人都有这种感觉。比如在一个假日里你到湖边去钓鱼，整整在湖边坐了十个小时，但你一点都不觉得累，为什么？因为钓鱼是你的兴趣所在，从钓鱼中你享受到了快乐。

产生疲倦的主要原因，是对生活厌倦，是对某项工作特别厌烦。这种心理上的疲倦感，往往比身体上的体力消耗更让人难以支撑。

心理学家曾经做过这样一个实验，他把十八名学生分成两个小组，每组九人。

他让一组的学生从事他们感兴趣的工作，另一组的学生从事他们不感兴趣的工作。才没多久，从事自己不感兴趣的工作的那组学生，便开始出现小动作，再一会儿就抱怨头痛、背痛，而另一组学生却做得正起劲呢！

以上实验告诉人们：疲倦往往不是工作本身造成的，而是因为工作的乏味、焦虑和挫折所引起的，它消磨了人们对工作的兴趣与干劲。

"我怎么样才能在工作中获得乐趣呢？"一位企业家说，"我在一笔生意中刚刚亏损了十五万元，我已经完蛋了，再没脸见人了。"

很多人就常常这样把自己的想法加入既成的事实。实际上，亏损了十五万元是事实，但说自己完蛋了没脸见人，那只是自己的想法。

一位英国人说过这样一句名言："人之所以不安，不是因为发生的事情，而是因为他们对发生的事情产生的想法。"也就是说，兴趣的获得也就是个人的心理体验，而不是发生的事情本身。

人生好滋味

事实上，工作中的很多时候，我们都能寻找到乐趣，正如亚伯拉罕·林肯所说的："只要心里想快乐，绝大部分人都能如愿以偿。"

不应做一天和尚撞一天钟

在美西战争期间，美国必须立即跟西班牙的反抗军首领加西亚将军取得联系，而加西亚正在古巴丛林的山里，没有人知道确切的地点，所以无法写信或打电话给他。这时，有人对总统说："有一个叫罗文的人，有办法找到加西亚。"

当罗文从总统手中接过写给加西亚的信之后，并没有问："他在什么地方？怎么去找？"而是经过千辛万苦，在几个星期后，把信交给了加西亚。

就是这么简单的一个故事，但是，它却流传到世界各地。《把信带给加西亚》的作者这样写道："像他这种人，我们应该为他塑造不朽的雕像，放在每一所大学里。年轻人所需要的不是学习书本上的知识，也不是聆听他人种种的指导，而是要加强一种敬业精神，对于上级的托付，立即采取行动，全心全意去完成任务——'把信带给加西亚'。"

"凡是需要众多人手的企业经营者，有时候会因为一般人的被动导致无法或不愿专心去做一件事而大吃一惊。懒懒散散、漠不关心、马马虎虎的做事态度，似乎已经变成常态；除非苦口婆心、恩威并施地叫属下帮忙；或者除非奇迹出现，上帝派一名助手给他，要不然，就没有人能把事情办成。"

"我钦佩的是那些不论老板是否在办公室都努力工作的人；我也敬佩那些能够把信交给加西亚的人；静静地把信拿去，不会提出任何愚笨的问题，也不会存心随手把信丢进水沟里，而是不顾一切地把信送到；这种人永远不会被'解雇'，也永远不必为了要求加薪而罢工。"

"这种人不论要求任何事物都会获得。他在每个城市、村庄、乡镇，每个办公室、公司、商店、工厂，都会受到欢迎。世界上急需这种人才，这种能够把信带给加西亚的人。"

人生好滋味

　　工作态度就像个人形象一样，也能反映出一个人的思想，可以改变他人对你的看法，决定着一个人的成与败。高尔基曾说过："工作如果是快乐的，那么人生就是天堂；工作如果是强制的，那么人生就是地狱。"只有珍惜自己的工作的人，才能投入自己的热情与精力，并从中得到快乐；而那些把工作看成是一种负担，整天混日子的人，迟早会被淘汰出局。

不要因为枯燥而失去乐趣

有一个在快餐店工作的人,他的工作是煎汉堡。他每天都很快乐地工作,尤其在煎汉堡的时候,他更是用心。许多顾客看到他心情愉快地煎着汉堡,都对他为何如此开心感到不可思议,十分好奇,纷纷问他说:"煎汉堡的工作环境不好,又是件单调乏味的事,为什么你可以如此愉快地工作?"

这个煎汉堡的人说:"在我每次煎汉堡时,我便会想到,如果点这汉堡的人可以吃到一个精心制作的汉堡,他就会很高兴,所以我要好好地煎汉堡,希望吃到我做的汉堡的人能感受到我带给他们的快乐。看到顾客吃了之后十分满足,并且神情愉快地离开时,我便感到十分高兴,心中仿佛觉得又完成了一件重大的工作。因此,我把煎好汉堡当作是我每天工作的一项使命,要尽全力去做好它。"

顾客们听了他的回答之后,对他能用这样的工作态度来煎汉堡,都感到非常钦佩。

他们回去之后,就把这样的事情告诉周围的同事、朋友或亲人,一传十、十传百,很多人都来到这家快餐店吃他煎的汉堡,同时看看"快乐的煎汉堡的人"。

顾客纷纷把他们看到这个人的认真、热情的表现，反映给公司；公司主管在收到许多顾客的反映后，也去了解情况。公司有感于他这种热情积极的工作态度，认为值得奖励并应给予栽培。没几年，他便升为区经理了。

人生好滋味

以工作为乐，就会对工作有热情，就会以认真负责的态度对待工作，别人看到了你工作的态度和成绩，机会自然就随之而来了。

做好未来的计划，达到期待的结果

有两个和尚分别住在相邻的两座山上的庙里。这两座山之间有一条溪，于是这两个和尚每天都会在同一时间下山去溪边挑水，久而久之他们便成为了好朋友。

就这样，时间在每天挑水中不知不觉已经过了五年。突然有一天左边这座山上的和尚没有下山挑水，右边那座山上的和尚心想："他大概睡过头了。"便不以为意。

哪知道第二天左边这座山的和尚还是没有下山挑水，第三天也一样，过了一个星期还是一样。直到过了一个月，右边那座山的和尚终于受不了，他心想："我的朋友可能生病了，我要过去拜访他，看看能帮上什么忙。"于是他便爬上了左边这座山，去探望他的老朋友。

等他到了左边这座山的庙前，看到他的老友之后大吃一惊，因为他的老友正在庙前打太极拳，一点也不像一个月没喝水的人。他很好奇地问："你已经一个月没有下山挑水了，难道你可以不用喝水吗？"

左边这座山上的和尚说："来来来，我带你去看。"于是他带着右边那座山上的和尚走到庙的后院，指着一口井说："这五年来，我每天做完功课后都会抽空挖这口井，即使有时很忙，能挖多少就算多少。如今终于让我挖出井水，我就不用再下山挑水，我可以有更多时间练我喜欢的太极拳。"

现在的高楼大厦是越来越多，然而在拿起工具开始建造之前，都会有一套相同的工序，必须先画出详尽的设计图，而绘出设计图之前，脑袋中要把每一细节构思好。

有了设计图，然后才有施工计划，如此按部就班，才能完成建筑。如果设计稍有缺失，弥补起来，可能就要花费很大代价。因此，做好一幅完美的设计图是非常重要的。

人生好滋味

人生也一样，也需要设计。你必须诚实地面对自己，做好未来的计划，在此之后，你才能够对达到渴望的结果有所期待。

把卖鱼当成一种艺术

有一次,英国游客杰克到美国观光,导游说西雅图有个很特殊的鱼市场,在那里买鱼是一种享受。和杰克同行的朋友听了,都觉得好奇。

那天,天气不是很好,但杰克发现市场并非鱼腥味刺鼻,迎面而来的是鱼贩们欢快的笑声。

他们面带笑容,像合作无间的棒球队员,让冰冻的鱼像棒球一样,在空中飞来飞去,大家互相唱和:"啊,五条鳍鱼飞明尼苏达去了。""八只蜂蟹飞到堪萨斯。"这是多么和谐的生活,充满乐趣和欢笑。

杰克问当地的鱼贩:"你们在这种环境下工作,为什么会保持愉快的心情呢?"

鱼贩说,事实上,几年前的这个鱼市场本来也是一个没有生气的地方,大家整天抱怨,后来,大家认为与其每天抱怨沉重的工作,不如改变工作的质量。

于是,他们不再抱怨生活的本身,而是把卖鱼当成一种艺术。

再后来，一个创意接着一个创意，一串笑声接着另一串笑声，他们成为鱼市场中的奇迹。

鱼贩说，大伙练久了，人人身手不凡，可以和马戏团演员相媲美。这种工作的气氛还影响了附近的上班族，他们常到这儿来和鱼贩用餐，享受这里的好气氛。

有不少没有办法提升工作士气的主管还专程跑到这里来询问："为什么一整天在这个充满鱼腥味的地方做苦工，你们竟然还这么快乐？"

他们已经习惯了给这些不顺心的人排疑解难："实际上，并不是生活亏待了我们，而是我们期求太高以至忽略了生活本身。"

有时候，鱼贩们还会邀请顾客参加接鱼游戏。即使怕鱼腥味的人，也很乐意在热情的掌声中一试再试，意犹未尽。每个愁眉不展的人进了这个鱼市场，都会笑逐颜开地离开，手中还会提满了情不自禁买下的货，心里似乎也会悟出一点道理来。

人生好滋味

实际上，并不是生活亏待了我们，而是我们期求太高以至忽略了生活本身。工作也并不是烦闷无聊，而是我们没有把它当作一件有趣的事来做。

工作就是娱乐

曾有人向皮尔卡丹请教过成功的秘诀,他很坦率地说:"创新!先有设想,而后付诸实践,又不断进行自我怀疑。这就是我的成功秘诀。"

19世纪初的一天,二十三岁的皮尔卡丹骑着一辆旧自行车,踌躇满志地来到了法国首都巴黎。

他先后在三家巴黎最负盛名的时装店当学徒,经过五年时间,由于他勤奋好学,很快便掌握了从设计、裁剪到缝制的全部过程,同时也确立了自己对时装的独特理解。

他认为,时装是"心灵的外在体现,是一种和人联系的礼貌标志"。

在巴黎大学的门前,一位年轻漂亮的女大学生引起了皮尔卡丹的注意。这位姑娘虽然只穿了一件平常的连衣裙,但身材苗条,胸部、臀部的线条十分优美。皮尔卡丹心想:这位姑娘如果穿上我设计的服装,定会更加光彩照人。于是,他聘请二十多位年轻漂亮的女大学生,组成了一支业余时装模特队。

后来，皮尔卡丹在巴黎举办了一次别开生面的时装展示会。伴随着优美的旋律，身穿各式时装的模特逐个登场，顿时令全场的人耳目一新。

时装模特的精彩表演，使皮尔卡丹的展示会获得了意外的成功，巴黎所有的报纸几乎都报道了这次展示会的盛况，订单雪片般地飞来。皮尔卡丹第一次体验到了成功的喜悦。

在服装业中取得辉煌的成功之后，皮尔卡丹又把目光投向了新的领域。他在巴黎创建了"皮尔卡丹文化中心"，里面设有影院、画廊、工艺美术拍卖行、歌剧院等，成为巴黎的一大景观。

巴黎的一家高级餐馆"马克西姆餐厅"濒临破产。由于这家餐厅建于1893年，历史悠久，当店主打算拍卖时，美国、沙特阿拉伯等国家的大财团都企图买下它。

皮尔卡丹不想让法国历史上有名的餐厅落到外国人手上，于是，他用一百五十万美元的高价，买下了马克西姆餐厅。

皮尔卡丹将简单的来餐厅用餐提高到一种生活享受的高度，不仅让客人品尝到驰名世界的法式大菜，同时也让客人享受到马克西姆高水平、有特色的服务。

经过皮尔卡丹的精心经营，三年后，马克西姆餐厅竟然奇迹般地复活了。它不但恢复了昔日的光彩，而且影响波及全球。

从一个小裁缝走向亿万富翁，皮尔卡丹创造了一个商业王国的传奇。而所有这一切都是他用每天工作十八个小时的代价换来的。

"我的娱乐就是我的工作！"在皮尔卡丹的那间绿色办公室里，

有一个地球仪，这个没有时间娱乐的大师，也许可以从中数清楚他的帝国在地球上有多少个站点，并藉此感到一种巨大的满足，以及生活的乐趣。

人生好滋味

把工作当作娱乐，目光远大，善于控制约束自己，以苦作乐，才能取得骄人的成绩。

第二味 热情
——热情投入工作，忙得有乐趣

热忱的态度是必要条件

1907年,后来成为美国著名的人寿保险推销员的法兰克刚转入职业棒球界不久,就遭到有生以来最大的打击,因为他被开除了。他的动作无力,因此球队的经理有意要他走人。

球队的经理对他说:"你这样慢吞吞的,哪像是在球场混了二十年?法兰克,离开这里之后,无论你到哪里做任何事,若不提起精神来,你将永远不会有出路。"

本来法兰克的月薪是一百七十五美元,离开原来的球队之后,他参加了亚特兰斯克球队,月薪减为二十五美元。薪水这么少,法兰克做事当然没有热情,但他决心努力试一试。待了大约十天之后,一位名叫丁尼的老队员把法兰克介绍到另一个球队去。

到了新球队的第一天,法兰克的一生有了重要的转变。因为在那个地方没有人知道他过去的情形,法兰克就决心变成新英格兰最具热忱的球员。为了实现这点,当然必须采取行动才行。

法兰克一上场,就好像全身带电。他强力地投出高速球,使接球的人双手都麻木了。有一次,法兰克以强烈的气势冲入三垒。那位三垒手吓呆了，球漏接，法兰克盗垒成功了。

当时气温高达摄氏三十九度，法兰克在球场奔来跑去，极可能因中暑而倒下去，在强烈的热忱支持下，他挺住了。这种热忱所带来的结果，真令人吃惊。

第二天早晨，法兰克读报的时候，兴奋得无以复加。报上说：那位新加入进来的球员，无异是一个霹雳球员，全队的人受到他的影响，都充满了活力。他们不但赢了，而且是本季最精彩的一场比赛。

由于热忱的态度，法兰克的月薪由二十五美元提高为一百八十五美元，多了七倍。在往后的两年里，法兰克一直担任三垒手，薪水增加了三十多倍。为什么呢？法兰克自己说："这是因为一股热忱，没有别的原因。"

后来，法兰克的手臂受了伤，不得不放弃打棒球。他到菲特列人寿保险公司当保险员，整整一年多都没有什么成绩，因此很苦闷。但后来他又变得热忱起来，就像当年打棒球那样。

再后来，他是人寿保险界的大红人。不但有人请他撰稿，还有人请他演讲自己的经验。他说："我从事推销已经十五年了。我见到许多人，由于对工作抱着热忱的态度，使他们的收入成倍数地增加起来。我也见到另一些人，由于缺乏热忱而走投无路。我深信唯有热忱的态度，才是成功推销的最重要因素。"

第二味 热情——热情投入工作，忙得有乐趣

人生好滋味

　　如果热忱对任何人都能产生这么惊人的效果，对你我也应该有同样的功效。热忱的态度，是做任何事必需的条件，我们都应该深信此点。任何人，只要具备这个条件，都能获得成功，他的事业，必会飞黄腾达。

该选哪一把钥匙

2001年5月,美国的麦迪逊中学在入学考试时出了这么一个题目:比尔·盖茨的办公桌上有五个带锁的抽屉,分别贴着财富、兴趣、幸福、荣誉、成功五个标签;比尔·盖茨总是只带一把钥匙,而把其他的四把锁在抽屉里,请问比尔·盖茨带的是哪一把钥匙?其他的四把锁在哪一个或哪几个抽屉里?

一位刚移民美国的外国学生,恰巧赶上这场考试,看到这个题目后,一下慌了手脚,因为他不知道它到底是一道英文题,还是一道数学题。

考试结束,他去问他的担保人——该校的一名理事。理事告诉他,那是一道智能测试题,内容不在书本上,也没有标准答案,每个人都可根据自己的理解自由地回答,但是老师有权根据他的观点给一个分数。

外国学生在这道九分的题上得了五分。老师认为,他没答一个字,至少说明他是诚实的,凭这一点应该给一半以上的分数。让他不能理解的是,他的同桌回答了这个题目,却仅得了一分。同桌的答案是，比尔·盖茨带的是财富抽屉上的钥匙，其他钥匙都锁在各个不同的抽屉里。

后来，这道题经由电子邮件被发回了这位外国学生原来所在的国家。这位学生在邮件中对同学说，现在我已知道比尔·盖茨带的是哪一把钥匙，凡是回答这把钥匙的，都得到了这位大富豪的肯定和赞赏，你们是否愿意测试一下，说不定从中还会得到一些启发。

同学们到底给出了多少种答案，我们不得而知。但是，据说有一位聪明的同学登上了美国麦迪逊中学的网页，他在该网页上发出了比尔·盖茨给该校的回函。函件上写着这么一句话：在你最感兴趣的事物上，隐藏着你人生的秘密。

人生好滋味

财富、兴趣、幸福、荣誉和成功是几乎每个人都想追求的。但当你必须作出唯一选择的时候，五者谁更重要呢？比尔·盖茨的回函告诉我们，只要我们有兴趣，其他四者都会随之而来。

迅速地做出决定

当西泽来到意大利的边境卢比孔河时,看似神圣而不可侵犯的卢比孔河没有使他的信心有所动摇。他想到如果没有参议院的批准,任何一名将军都不允许侵略一个国家。

但是他的选择只有两种——"若非毁灭我自己,就是毁灭我的国家",最后他依然决定率兵回国扫平自己的政敌。他说:"不要惧怕死亡。"于是他带头跳入了卢比孔河。就是因为这一时刻的决定,西泽开启了其更加光辉的一生,世界历史随之而改变。

西泽能在极短的时间里做出重要抉择,哪怕牺牲一切与之有冲突的计划。西泽带着他的大军来到大不列颠,那里的人们誓死不投降。西泽敏捷的思维使他明白,他必须使士兵们懂得胜利和死亡的利害关系。

为了消除一切撤退的可能,他命令将大不列颠海岸所用的船只全部烧掉,这样也就没有了逃跑的可能性,如果不能取得胜利就意味着死亡。这一举动是这场伟大战争最后取得胜利的关键所在。

第二味 热情——热情投入工作,忙得有乐趣获得成功的最有力的办法，是迅速做出该怎么做一件事的决定。排除一切干扰因素，而且一旦做出决定，就不要再继续犹豫不决，以免我们的决定受到影响，有的时候犹豫就意味着失去。

实际上，一个人如果总是优柔寡断，犹豫不决，或者总在毫无意义地思考自己的选择，一旦有了新的情况就轻易改变自己的决定，这样的人成就不了任何事！消极的人没有必胜的信念，也不会有人信任他们。自信积极的人就不一样，他们是世界的主宰。

当有人问亚历山大大帝靠什么征服整个世界的时候，他回答说："是坚定不移。"

在一个深夜，装得满满的斯蒂文·惠特尼号轮船在爱尔兰撞上了悬崖。船在悬崖边停留了一会儿，有些乘客迅速地跳到了岩石上，于是他们获救了。而那些迟疑害怕的乘客被打回来的海浪卷走，永远被海浪吞没了。优柔寡断的人常因犹豫不决缺乏果断而失去成功的可能性。

生活中好的机会往往很不容易到来，而且经常会很快地消失，约翰·夫斯特说："优柔寡断的人从来不是属于他们自己的，他们属于任何可以控制他们的事物。一件又一件的事总在他们犹豫不决时打断了他们，就好像小树枝在河边飘浮，被波浪一次次推动，卷入一些小旋涡。"

人生好滋味

　　历史上有影响的人物都是能果断做出重大决策的人。一个人如果总是优柔寡断，在两种观点中游移不定，或者不知道该选择两件事物中的哪一件，这样的人将不能很好地把握自己的命运，他生来就属于别人，只是一颗围着别人转的小卫星。果断敏锐的人决不会坐等好的条件，他们会最大限度地利用已有的条件，迅速采取正确的行动。

第二味 热情

——热情投入工作，忙得有乐趣

把行动和空想结合起来

一年夏天,一位来自马萨诸塞州的乡下年轻人登门拜访年事已高的埃默森。年轻人自称是一个诗歌爱好者,从七岁起就开始进行诗歌创作,但由于地处偏僻,一直得不到名师的指点,因仰慕埃默森的大名,故千里迢迢前来寻求文学上的指导。

这位青年诗人虽然出身贫寒,但谈吐优雅,气度不凡。老少两位诗人谈得非常融洽,埃默森对他非常欣赏。临走时,青年诗人留下了薄薄的几页诗稿。

埃默森读了这几页诗稿后,认定这位乡下年轻人在文学上将会前途无量,决定凭借自己在文学界的影响大力提携他。

埃默森将那些诗稿推荐给文学刊物发表,但回响不大。他希望这位青年诗人继续将自己的作品寄给他。于是,老少两位诗人开始了频繁的书信来往。

青年诗人的信长达几页,大谈特谈文学问题,激情洋溢,才思敏捷,表明他的确是个天才诗人。埃默森对他的才华大为赞赏,在与友人的交谈中经常提起这位诗人。青年诗人很快就在文坛有了一点小小的名气。

但是，这位青年诗人以后再也没有给埃默森寄诗稿来，信却越写越长，奇思异想层出不穷，言语中开始以著名诗人自居，语气越来越傲慢。

埃默森开始感到不安。凭着对人性的深刻洞察，他发现这位年轻人身上出现了一种危险的倾向。通信一直在继续，埃默森的态度逐渐变得冷淡，成了一个倾听者。

很快，秋天到了。

埃默森去信邀请这位青年诗人前来参加一个文学聚会。他如期而至。

在这位老作家的书房里，两人有一番对话：

"后来为什么不给我寄稿子了？"

"我在写一部长篇史诗。"

"你的抒情诗写得很出色，为什么要中断呢？"

"要成为一个大诗人就必须写长篇史诗，小打小闹是毫无意义的。"

"你认为你以前的那些作品都是小打小闹吗？"

"是的，我是个大诗人，我必须写大作品。"

"也许你是对的。你是个很有才华的人，我希望能尽早读到你的大作品。"

"谢谢，我已经完成了一部，很快就会公之于世。"

文学聚会上，这位被埃默森所欣赏的青年诗人大出风头。他逢人便谈他的伟大作品，表现得才华横溢，锋芒咄咄逼人。

虽然谁也没有拜读过他的大作品，即便是他那几首由埃默森推荐发表的小诗也很少有人拜读过，但几乎每个人都认为这位年轻人必将成大器，否则，大作家埃默森能如此欣赏他吗？

转眼间，冬天到了。

青年诗人继续给埃默森写信，但从不提起他的大作品。信越写越短，语气也越来越沮丧，直到有一天，他终于在信中承认，长时间以来他什么都没写。以前所谓的大作品根本就是子虚乌有之事，完全是他的空想。

他在信中写道："很久以来我就渴望成为一个大作家，周围所有的人都认为我是个有才华有前途的人，我自己也这么认为。我曾经写过一些诗，并有幸获得了阁下您的赞赏，我深感荣幸。"

"使我深感苦恼的是，自此以后，我再也写不出任何东西了。不知为什么，每当面对稿纸时，我的脑中便一片空白。我认为自己是个大诗人，必须写出大作品。在想象中，我感觉自己和历史上的大诗人是并驾齐驱的，包括和尊贵的阁下您。"

"在现实中，我对自己深感鄙弃，因为我浪费了自己的才华，再也写不出作品了。而在想象中，我是个大诗人，我已经写出了传世之作，已经登上了诗歌的王位。"

"尊贵的阁下，请您原谅我这个狂妄无知的乡下小子……"

从此后，埃默森再也没有收到这位青年诗人的来信。

埃默森告诫我们："当一个人年轻时，谁没有空想过？谁没有幻想过？想入非非是青春的标志。但是，我的青年朋友们，请记住，人总归是要长大的。天地如此广阔，世界如此美好，等待你们的不仅仅是需要一对幻想的翅膀,更需要一双踏踏实实的脚!"

人生好滋味

西方精神分析学大师弗洛伊德将空想命名为"白日梦"。他认为,白日梦就是人在现实生活中由于某种欲望得不到满足,于是通过一系列的空想、幻想在心理上实现该欲望,进而为自己在虚无中寻求到某种心理上的平衡。弗氏理论还提出了一个关键性的词:逃避。也就是说,过分沉湎于空想的人必定是一个逃避倾向很浓的人,使人不愿意面对真实的现实。此言一语中的,这正是空想带给人的极大危害性。

——第二味 热情 热情投入工作,忙得有乐趣

对自己狠一点

朋友们都认为戴维很有才能,但不知道他为什么不能靠写作维持自己的生活。

戴维认为他必须先有了灵感才能开始写作,作家只有感到精力充沛、创造力旺盛时才能写出好的作品。为了写出优秀作品,他觉得自己必须"等待情绪来了"之后,才能坐在打字机前开始写作。如果他某天感到情绪不高,那就意味着他那天不能写作。

不言而喻,要具备这些理想的条件并不是有很多机会的,因此,戴维也就很难感到有多少好情绪使他得以成就任何事情,也很难感到有创作的欲望和灵感。这便使他的情绪更为不振,更难有"好情绪出现",因此也越发地写不出东西来。

通常,每当戴维想要写作的时候,他的脑子就变得一片空白。这种情况使他感到害怕,所以,为了避免瞪着空白纸页发呆,他就干脆离开打字机。他去收拾一下花园,把写作忘掉,心里马上就好受些。他也用其他办法来摆脱这种心境,比如去打扫卫生间,或去刮胡子。

但是，对于戴维来说，在盥洗间刮刮胡子或在花园种种玫瑰，都无助于在白纸上写出文章来。

后来，戴维借鉴了著名作家国家图书奖获得者乔伊斯·奥兹的经验。奥兹的经验是："对于'情绪'这种东西可不能心软。从一定意义上来说，写作本身也可以产生情绪。有时，我感到疲惫不堪，精神全无，连五分钟也坚持不住了，但我仍然强迫自己坚持写下去，而且不知不觉地，在写作的过程中，情况完全变了样。"

戴维认识到，要完成一项工作，你必须待在能够实现目标的地方才行。要想写作，就非在打字机前坐下来不可。

经过冷静地思考，戴维决定马上开始行动起来。他制订了一个计划，他起床的闹钟定在每天早晨七点半钟。到了八点钟，他便可以坐在打字机前。他的任务就是坐在那里，一直坐到他在纸上写出东西。如果写不出来，哪怕坐一整天，也在所不惜。他还定了一个奖惩办法：早晨打完一页纸才能吃早饭。

第一天，戴维忧心忡忡，直到下午两点钟他才打完一页纸。

第二天，戴维有了很大进步。坐在打字机前不到两小时，他就打完了一页纸，较早地吃上了早饭。

第三天，他很快就打完了一页纸，接着又连续打了五页纸，才想起吃早饭的事情。他的作品终于产生了。他就是靠坐下来动手干学会了面对艰难的工作的。

第二味 热情——热情投入工作,忙得有乐趣

73

人生好滋味

　　大多数人不是没有上进的念头，但这些念头很容易被自己的偷懒意识压制下去，结果自己管不住自己，努力工作的冲动胎死腹中。想要改变这种情况，就要自己对自己狠一点，定下些"不近人情"的规定，强迫自己坚持下去，如此才能自胜者强。

老钟表匠的启示

从前,德国有一位很有才华的年轻诗人,写了许多吟风咏月、写景抒情的诗篇,可是他却很苦恼,因为,人们都不喜欢读他的诗。这到底是怎么一回事呢?难道是自己的诗写得不好吗?不,这不可能!

年轻的诗人向来不怀疑自己在这方面的才能,于是,他去向父亲的朋友——一位老钟表匠请教。

老钟表匠听后一句话也没说,把他领到一间小屋里,里面陈列着各色各样的名贵钟表。这些钟表,诗人从来没有见过,有的外形像飞禽走兽,有的会发出鸟叫声,有的能奏出美妙的音乐……

老人从柜子里拿出一个小盒,把它打开,取出了一只样式特别精美的金壳怀表。这只怀表不仅式样精美,更奇异的是:它能清楚地显示出星象的运行、大海的潮汐,还能准确地标明月份和日期。这简直是一只"魔表",世上到哪儿去找呀!

诗人爱不释手,他很想买下这个"宝贝",就开口问表的价钱。老人微笑了一下,只要求用这"宝贝"换下青年手上的那只普普通通的表。

诗人对这只表真是珍爱之极，吃饭、走路、睡觉都戴着它。可是，过了一段时间之后，他渐渐对这只表不满意了。最后，诗人竟跑到老钟表匠那儿要求换回自己原来的那块普通的手表。老钟表匠故作惊奇，问他对这样珍异的怀表还有什么感到不满意。

青年诗人遗憾地说："它不会指示时间，但表本来就是用来指示时间的。我带着它不知道时间，要它还有什么用处呢？有谁会来问我大海的潮汐和星象的运行呢？这只表对我实在没有什么实际用处。"

老钟表匠还是微微一笑，把表往桌上一放，拿起了这位青年诗人的诗集，意味深长地说："年轻的朋友，让我们努力干好各自的事业吧。你应该记住：怎样给人们带来用处。"诗人这时才恍然大悟，从心底里明白了这句话的深刻含义。

人生好滋味

有用处的东西才有市场。立足生活才能实现自己的价值。与其追求华而不实的东西，不如脚踏实地地干些实事。在工作中，更是首先要把本职工作做好。

百发百中的秘密

罗杰走下码头，看见一些人在钓鱼。出于好奇，他走近去看当地有什么鱼。好家伙，他看到居然有人钓了满满一桶的鱼。

那只桶是一位老头儿的，他面无表情地从水中拉起线，摘下鱼，丢到桶里，又把线抛回水里。他的动作更像一个工厂里的工人，而不像是一个垂钓者在揣摩钓钩周围是否有鱼。

罗杰发现，不远的地方还有七个人在钓鱼，老头儿每从水中拉上一条鱼，他们就大声抱怨一阵，抱怨自己仍然举着一根空竿。

这样持续了半小时：老头儿猛地拉线、收线，七个人嘟嘟囔囔地看他摘鱼，又把线抛回去。这段时间其他人没有一个钓上过鱼，尽管他们只处在距老头儿十几米远的地方。真是太有意思了！

这是怎么回事儿？罗杰走近一步想看个究竟。原来那些人都在甩锚钩（甩锚钩是指人们用一套带坠儿的钩儿沉到水里猛地拉起，希望凑巧挂住一群游过去的小鱼当中的某一条）。

这七个人都拼命地在栈桥下面挥舞着胳臂，试图钓起一群群游过的小鱼中的某条鱼。而那位老头儿只是把钩沉下去，等一会儿，感到线往下一拖，然后猛拉线，当然，他又有鱼钓上来了。

老头儿收获了鱼，而他百发百中的秘密在于：只在钩子上方用一点诱饵而已！他一把线放下去，鱼就会开始咬饵食，他会感觉线动，然后再把鱼钩从厚厚的一群鱼当中一拉，有啦！

使罗杰吃惊的不是那位老头儿简单的智慧，而是这样一种事实：那一群嘟嘟嚷嚷的人看得很清楚老头在干什么，他是怎样使用最简单的方法获得良好效果的，但他们却不愿学习，因此，他们毫无收获！

人生好滋味

许多人完全知道要成功他们必须做什么，但他们迟迟不愿采取正确的行动。成功的秘诀是这样的：不要只是想着采取行动，而是要"采取正确的行动！"

是金子总会发光的

维斯卡亚公司是美国 20 世纪 80 年代最为著名的机械制造公司，其产品销往全世界，并代表着当今重型机械制造业的最高水平。

许多人毕业后到该公司求职遭拒绝，原因很简单，该公司的高技术人员爆满，不再需要各种高技术人才。但是令人垂涎的待遇和足以自豪、炫耀的地位仍然向那些有志的求职者闪烁着诱人的光环。

詹姆斯和许多人的命运一样，在该公司每年一次的用人测试会上被拒绝申请，其实这时的用人测试会已经是徒有虚名了。詹姆斯并没有死心，他发誓一定要进入维斯卡亚重型机械制造公司。于是他采取了一个特殊的策略——假装自己一无所长。

他先找到公司人事部，提出为该公司无偿提供劳动力，请求公司分派给他任何工作，他都不计任何报酬来完成。公司起初觉得这简直不可思议，但考虑到不用任何花费，也用不着操心，于是便分派他去打扫车间里的废铁屑。

一年来，詹姆斯勤勤恳恳地重复着这种简单但是劳累的工作。为了糊口，下班后他还要去酒吧打工。这样虽然得到老板及工人们的好感，但是仍然没有一个人提到录用他的问题。

1990年初,公司的许多订单纷纷被退回,理由均是产品质量有问题,为此公司将蒙受巨大的损失。

公司董事会为了挽救颓势,紧急召开会议商议解决方案。当会议进行一大半却尚未有眉目时,詹姆斯闯入会议室,提出要直接见总经理。在会议上,詹姆斯把对这一问题出现的原因作了令人信服的解释,并且就工程技术上的问题提出了自己的看法,随后拿出了自己对产品的改造设计图。

这个设计非常先进,恰到好处地保留了原来机械的优点,同时克服了已出现的弊病。

总经理及董事会的董事见到这个编外清洁工如此精明在行,便询问他的背景以及现状。詹姆斯面对公司的最高决策者们,将自己的意图和盘托出,经董事会举手表决,詹姆斯当即被聘为公司负责生产技术问题的副总经理。

原来,詹姆斯在做清扫工时,利用清扫工到处走动的特点,细心察看了整个公司各部门的生产情况,并一一作了详细记录,发现了所存在的技术性问题并想出解决的办法。为此,他花了近一年的时间搞设计,做了大量的统计数据,为最后一展雄姿奠定了基础。

人生好滋味

"是金子总会发光的。"在推销自己的过程中能够不争一时的先后,才华不外露,锋芒内敛;目光远大,为自己的发展储备充分的条件,最后势必能赢得成功。

第三味　放下
——慢步的人生更有风味

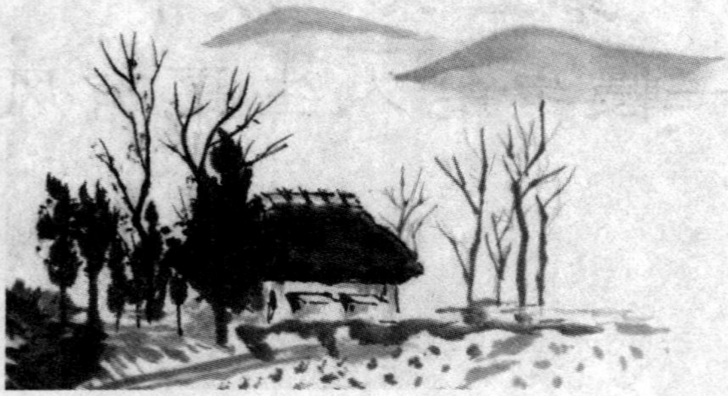

慢下脚步会有更丰富的人生

一位年轻的总裁，开车经过住宅区的巷道，因为着急公司的事务，所以车速很快。

就在他的车经过一群小朋友的时候，一个小朋友丢了一块砖头打到了他的车门，他很生气地踩了煞车并后退到砖头丢出来的地方。

他跳出车外，抓住了那个小孩，把他顶在车门上说："你为什么这样做，你知道你刚刚做了什么吗？"接着他又吼道："你知不知道你要赔多少钱来修理这台新车，你到底为什么要这样做？"

小孩子哀求着说："先生，对不起，我不知道我还能怎么办？我丢砖块是因为没有人停下来。"小朋友一边说一边流泪，眼泪从脸颊上滴落到车门上。

"因为我哥哥从轮椅上掉下来，我没办法把他抬回去。你可以帮我把他抬回去吗？他受伤了，而且他太重了我抱不动。"那男孩

——第三味 放下——
慢步的人生更有风味

啜泣着说道。

　　这些话让这位年轻的总裁深受感动,他抱起男孩受伤的哥哥,帮他坐回轮椅上,并拿出手帕擦拭他哥哥的伤口,以确定他哥哥没有什么大问题。

　　那个小男孩感激地说:"谢谢你,先生,上帝保佑你。"然后年轻的总裁看着男孩推着他哥哥回去。

　　年轻的总裁发现自己已经很久没有这样地感动,每天快节奏的生活让他像程序一般,虽然生活简单,但却缺乏滋味。

　　他慢慢地走回车上,他决定不去修它了,他要让那个凹坑时时提醒自己:"不要等周遭的人丢砖块过来了,才注意到自己的脚步已走得过快。"

人生好滋味

　　放慢你的脚步,你会发现最平易处也有令你意想不到的风景;放慢你的脚步,也许你会损失一些收入,但你会收获更丰富多彩的人生;放慢你的脚步,你会更加享受生命之美。

匆匆抉择常会与目标背道而驰

单位里调来了一位新主管，据说是个能人，专门被派来整顿业务，因此大多数的同仁都很兴奋。可是，日子一天天过去，新主管却什么都没有做，他每天彬彬有礼地进入办公室，便躲在里面难得出门，那些紧张得要死的工作懈怠者，现在反而更猖獗了。他哪里是个能人，根本就是个老好人，比以前的主管更容易唬。

四个月之后，新主管却发威了，工作懈怠者一律开除，能者则获得提升。下手之快，断事之准，与前四个月中表现保守的他，简直像换了一个人。

年终聚餐时，新主管在酒后致辞："相信大家对我新上任后的表现和后来的大刀阔斧，一定感到不解。现在听我说个故事，各位就明白了。"

"我有位朋友，买了栋带着大院的房子，他一搬进去，就对院子全面整顿，杂草杂树一律清除，改种自己新买的花卉。某日，原先的房主回访，进门大吃一惊地问，那株名贵的牡丹哪里去了。我这位朋友才发现，他居然把牡丹当草给清除掉了。后来他又买了一栋房子，虽然院子更是杂乱，他却是按兵不动，果然冬天以为是杂树的植物，春天里开了繁花；春天以为是野草的，夏天却是一团锦簇；半年都没有动静的小树，秋天居然红了叶。直到暮秋，他才认清哪些是无用的植物而大力铲除，并使所有珍贵的草木得以保存。"

说到这儿，主管举起杯来："让我敬在座的每一位！如果这个办公室是个花园，你们就是其间的珍贵花木，它不可能一年到底总开花结果，但只要经过长期的观察，就一定可以认得出。"

人生好滋味

人们往往只知道应该珍惜时间，所以什么时候都行色匆匆，却常常使自己陷入盲目之中。时间在于合理利用，欲速则不达，匆匆地抉择常会让你与目标背道而驰，只有留下观察与思考的时间，才是真的珍惜时间。

急于求成只会揠苗助长

急于求成、恨不能一日千里，往往事与愿违，大多数人知道这个道理，却总是与之相悖。历史上的很多名人也是在犯过此类错误之后，才真正掌握这个真谛的。

宋朝的朱熹是一代大儒，从小就聪明过人。

四岁时其父指天说："这是天。"

朱熹则问："天上有何物？"如此聪慧令他父亲称奇。

他十几岁就开始研究道学，同时又对佛学感兴趣，希望能学问早有所成。然而到了中年之时他才感觉到，速成不是良方，经过一番苦功方能有大成就。

他以十六字真言对"欲速则不达"作了一番精彩的诠释："宁详毋略，宁近毋远，宁下毋高，宁拙毋巧。"

一味主观地求急图快，违背了客观规律，后果只能是欲速则不达。一个人只有摆脱了速成心理，一步步地积极努力，步步为营，才能达成自己的目的。

有一个孩子,很喜欢研究生物,很想知道蛹是如何破茧成蝶的。有一次,他在草丛中看见一只蛹,便取了回家,日日观察。几天以后,蛹出现了一条裂痕,里面的蝴蝶开始挣扎,想破蛹而出。艰辛的过程达数小时之久,蝴蝶在蛹里辛苦地挣扎。

小孩看着有些不忍,想要帮帮它,便拿起剪刀将蛹剪开,蝴蝶破蛹而出。但他没想到,蝴蝶挣脱蛹以后,因为翅膀不够有力,根本飞不起来,不久,便痛苦地死去了。

破茧成蝶的过程原本就非常痛苦、艰辛,但只有通过这一经历才能换来日后的翩翩起舞。外力的帮助反而违背了自然的过程,揠苗助长只会让关爱变成了伤害,最后让蝴蝶悲惨地死去。

人生好滋味

欲速则不达,急于求成会导致最后的失败。做人做事都应放远眼光,注重知识的积累,厚积薄发,自然会水到渠成,达成自己的目标。许多事业都必须有一个痛苦挣扎、奋斗的过程,而这也是将你锻炼得坚强,使你成长、使你有力的过程。

从容的步伐才是正确的速度

有一位教练常提醒队员说:"要想赢,就得慢慢地划桨。"也就是说,划桨的速度太快的话,会破坏船行的节拍。一旦搅乱节拍,要再度恢复正确的速度就相当困难了。欲速则不达,这是千古不变的法则。

顺治七年冬天,一位读书人想要从小港进入镇海县城,于是吩咐小书僮用木板夹好捆扎的一大摞书跟随着。

这个时候,夕阳已经落山,傍晚的烟雾缠绕在树头上,望望县城还有约两里路。

读书人便趁机问摆渡的人:"还来得及赶上南门开着吗?"

那摆渡的人仔细打量了一下小书僮,回答说:"慢慢地走,城门还会开着,急忙赶路城门就要关上了。"读书人听了这话,认为摆渡人在戏弄他,有些动气。

下了船,他就和书僮快步前进。刚到半路上,小书僮摔了一跤,捆扎的绳子断了,书也散乱了。等到把书理齐捆好,到了目的地,才发现前方的城门已经下了锁了。

——第三味 放下——
慢步的人生更有风味

89

读书人这才领悟到那摆渡的人说的话实在是句哲理。天底下多少人就因为急躁鲁莽给自己招来失败，忙得昏天黑地却还是到不了目的地呢？

人生好滋味

不论是工作还是划船，都必须以正确而从容的步伐前进，这样心灵才能获得和平的力量，以稳定和谐的智慧指导身心从事工作，如此一来，才更容易抵达目标。要实践这个理论，就是要留一些空闲的时间从事洗净心灵的活动，譬如静坐，这是相当好的洁净心智的做法。一有时间就安坐一旁，舒放你的心灵，想想曾经欣赏过的高山峻岭、夕雾的峡谷、鲤鱼跳跃的河流、月光倒映的水面……你的心也会舒坦地沉醉其中。

别等到失去了才想到珍惜

某家医院的假日病房里,同时住进来两位病人,都是鼻子不舒服,多年的老毛病,最近发作的厉害,他们平常工作繁忙没有治疗,趁着假期赶紧来看看。

在等待化验结果期间,甲说:"如果是癌,立即去旅行,并首先去拉萨。"乙也同样如此表示。

结果出来了,甲得的是鼻癌,乙患的是鼻息肉。

甲列了一张告别人生的计划表就离开了医院,乙住了下来。

甲的计划表是:去一趟拉萨和敦煌;从攀枝花坐船一直到长江口;到海南的三亚以椰子树为背景拍一张照片;在哈尔滨过一个冬天;从大连坐船到广西的北海;登上天安门;读完莎士比亚的所有作品;力争听一次瞎子阿炳原版的《二泉映月》;写一本书……凡此种种,共二十七条。

他在这张生命的清单后面这么写道:我的一生有很多梦想,有的实现了,有的由于种种原因没有实现。现在上帝给我的时间不多了,为了不遗憾地离开这个世界,我打算用生命的最后几年去实现

——第三味 放下——
慢步的人生更有风味

还剩下的这二十七个梦。

当年，甲就辞掉了公司原本很重要的职务，去了拉萨和敦煌。第二年，又以惊人的毅力和韧性通过了成人考试。

这期间，他登上过天安门，去了内蒙古大草原，还在一户牧民家里住了一个星期。现在这位朋友正在实现他出一本书的夙愿。

有一天，乙在报上看到甲写的一篇散文，打电话去问甲的病。

甲说："我真的无法想象，要不是这场病，我的生命该是多么的糟糕。是它提醒了我，去做自己想做的事，去实现自己想去实现的梦想。现在我才体会到什么是真正的生命和人生。你生活得也挺好吧！"

乙没有回答。因为在医院时说的去拉萨和敦煌的事，早已因患的不是癌症而被重重工作挤到脑后。

人生好滋味

生命毕竟是有限的，每过一天就会从你的生命中减去一天，许多人经常在生命即将结束时，才觉得自己的生命大多被繁忙工作占据，然而很多自己梦想的事却没有做。珍惜就在于不让人生留有遗憾，想做什么就立即去做，就算不能够完成，也不会再后悔莫及，不要等到一切都无可挽回时才知道岁月的无情，才叹息时光的匆匆。

不要错过沿途的风景

在山中的庙里，有一个小沙弥被要求去买灯油。在离开前，庙里的执事僧交给他一个大碗，并严厉地警告："你一定要小心，绝对不可以把油洒出来。"

小沙弥答应后就下山到城里，到指定的店里买油。在上山回庙的路上，他想到执事僧严厉的告诫，愈想愈觉得紧张。小沙弥小心翼翼地端着装满油的大碗，一步一步地走在山路上，丝毫不敢左顾右盼。

很不幸的是，他在快到庙门口时，由于没有向前看路，结果踩到了一个坑。虽然没有摔跤，可是却洒掉三分之一的油。小沙弥非常懊恼，而且紧张得手都开始发抖，无法把碗端稳。当他回到庙里时，碗中的油就只剩一点儿了。

执事僧拿到装油的碗时，当然非常生气，他指着小沙弥大声责备："我不是说要小心吗？为什么还是浪费这么多油！"

小沙弥听了很难过，开始掉眼泪。另外一位老僧听到了，就跑来问是怎么一回事。了解事情的原委以后，他就去安抚执事僧的情

——第三味 放下——
慢步的人生更有风味

绪，并私下对小沙弥说："我再派你去买一次油。这次我要你在回来的途中，多观察你看到的人和事物，并且需要给我做一个报告。"

小沙弥想要推卸这个任务，强调自己油都端不好，根本不可能既要端油，还要看风景、作报告。不过在老僧的坚持下，他只有勉强上路了。

在回来的途中，小沙弥发现其实山路上的风景真的很美。远方看得到雄伟的山峰，又有农夫在梯田上耕种。走不远，又看到一群小孩子在路边的空地上玩得很开心，而且还有两位老先生在下棋。他在边走边看风景的情形下，不知不觉就回到庙里了。

当小沙弥把油交给执事僧时，发现碗里的油，居然还是满满的，一点都没有损失。

人生好滋味

许多人往往迫于生活的压力或是不满足现状的欲望，每天紧盯着自己的目标，搞得自己身心俱疲还没有把事情做好。其实，与其天天在乎自己的目标，不如每天在学习、工作和生活中，享受这一次经历的过程，从中体会乐趣，让成功顺其自然即可。有一句话说得好：刻意经营的人往往输给漫不经心的人。一个懂得从行程中找寻乐趣的人，才不会觉得旅程的艰辛与劳累。

放松心情，品尝人生滋味

从前，有一个人与他的父亲一起耕作一小块地。一年几次，他们会把蔬菜装满那老旧的牛车，运到附近的城市去卖。除姓氏相同，又在同一块田地上工作外，父子二人相似的地方并不多。

老人家认为凡事不必着急，年轻人则个性急躁、野心勃勃。一天清晨，他们套上了牛车，载满了一车的货，开始了漫长的旅程。儿子心想他们若走快些，日夜兼程，第二天清早便可到达市场。于是他用棍子不停地催赶着牛，要牲口走快些。

"放轻松点，儿子，"老人说，"这样你会活得久一些。"

"可是我们若比别人先到市场，我们更有机会卖个好价钱。"儿子反驳。

父亲不回答，只把帽子拉下来遮住双眼，在座位上睡着了。年轻人甚为不悦，愈发催促牛走快些，固执地不愿放慢速度。他们在四小时内走了四里路，来到一间小屋前面，父亲醒来，微笑着说："这是你叔叔的家，我们进去打声招呼。"

"可是我们已经慢了一小时。"着急的儿子说。

—— 第三味 放下 ——
慢步的人生更有风味

"那么再慢几分钟也没关系。我弟弟跟我住得这么近，却很少有机会见面。"父亲慢慢地回答。

儿子生气地等待着，直到两位老人不紧不慢地聊足了一小时，才再次启程，这次轮到老人驾驭牛车。走到一个岔路口，父亲把牛车赶到右边的路上。

"左边的路近些。"儿子说。

"我晓得，"老人回答，"但这边的路景色好多了。"

"你不在乎时间？"年轻人不耐烦地说。

"噢，我当然在乎，所以我喜欢看美丽的风景，尽情享受每一刻。"

蜿蜒的道路穿过美丽的牧草地、野花，经过一条发出淙淙声的河流——这一切年轻人都没有看到，他心里翻腾不已，心不在焉，焦急至极，他甚至没有注意到当天的日落有多美。

黄昏时分，他们来到一个宽广、多彩的大花园。老人吸进芳香的气味，聆听小河的流水声，把牛车停了下来。"我们在此过夜好了。"老人说。

"这是我最后一次跟你做伴，"儿子生气地说，"你对看日落、闻花香比赚钱更有兴趣！"

"对了，这是你许久以来所说的最好听的话。"父亲微笑着说。

几分钟后，他开始打鼾，儿子则瞪着天上的星星，长夜漫漫，儿子好久都睡不着。天不亮，儿子便摇醒父亲。他们马上动身，大约走了一里，遇到另一位农夫——素未谋面的陌生人——力图把牛车从沟里拉上来。

"我们去帮他一把。"老人低声说。

"你想失去更多时间?"儿子勃然大怒。

"放轻松些,孩子,有一天你也可能掉进沟里。我们要帮助有所需要的人——不要忘记。"

儿子生气地扭头看着一边。等到那辆牛车回到路上时,已是早晨八点钟了。突然,天上闪出一道强光,接下来似乎是打雷的声音。群山后面的天空变成一片黑暗。

"看来城里在下大雨。"老人说。

"我们若是赶快些,现在大概已把货卖完了。"儿子大发牢骚。

"放轻松些,那样你会活得更久,你会更能享受人生。"仁慈的老人劝告道。

到了下午,他们才走到俯视城市的山上。站在那里,看了好长一段时间,二人不发一言。

终于,年轻人把手搭在老人肩膀上说:"爸,我明白你的意思了,我会试着放轻松些,去追求有意义的人生。"

人生好滋味

时间固然需要珍惜,但也不要把自己赶得太急。人生如果只像机器一样不停地运转,又能有什么意义?人是有思想的,不是机器,生活不是单纯的赚钱,也不是只有疯狂的工作,没有必要把每天的生活都安排得紧紧的,只要自己不是在浪费时间就可以。多留出一点时间,放慢脚步,欣赏欣赏四周的风景,你会感觉轻松愉快,这才是充分享受人生。

第三味 放下——慢步的人生更有风味

主动松绑，做个悠客享受生活

三十五岁的某外贸公司老总黄鑫说："拥有工作是幸福的，比拥有工作更幸福的是主动放弃工作。这需要一种勇气。尤其在一份待遇优厚的工作或是自己开创的公司面前。"

新退休主义者黄鑫的信条就是，当幸福触手可及时，一定要及时把握。说起黄鑫想做个闲人的起源，是因为他看了一本杂志上关于健康的报道，他一做里面的自测题，惊见自己的情况如此严重，于是在一个月后，自动将自己的公司全交给弟弟打理。

"那个决定就在一念之间。当时还有个想法，就是看自己在这个年龄有没有勇气去做这个事。"对于将来有什么打算的问题，黄鑫答，将来肯定还会继续忙，现在是一个养精蓄锐的过程。他说想从事一些跟过去不一样的工作。"人生就那么短，我希望更多的人生体验。"

不到三十岁的冯小姐在一家外企工作，正当事业如日中天时，她突然决定辞职。

"就是觉得太忙了，对不起儿子。不用工作的时期我也活得很充实，每天到幼儿园接送儿子，带他到国外旅游，心情特别放松。在人生的路上歇一歇脚，在年轻时身体状况良好时享受生活是一种福气。"

一年后，冯小姐又回到工作中，创办了自己的广告公司，但她决定忙几年后，还会"退休"一段时期。

他们年富力强却"游手好闲"，他们事业有成却无心打理，他们离开办公室回到家中，他们抛开工作开始寻找自我，他们从疾驰的轨道从容走开，手里拿着一面旗帜，上面写着两个大字：退休。他们是现在全球大城市里迅速崛起的新贵。

三十三岁的林先生是这类型的代表人物之一，二十五岁创立广告公司，现在他已经是某药厂的老总，资产高达三亿元。

他一个星期里有一天工作，其他时间都处于悠闲状态。开车去郊外喝茶，跟朋友聚聚，或者一大段时间待在国外。他的公司全部交给高薪聘请的精英们替他管理，生活悠闲自得。像林先生这样的人物，似乎为辛勤工作的老总们提供了一种新思路。

他们跟通常所说的"闲人"有所不同，他们从快速的生活节奏中撤退下来，开始自己主宰自己，过简单快乐的生活。

当然，提前退休绝对需要一定的物质积累，以及重新回到工作中的自信心。有资格选择提前退休的人不仅仅需要心理上的准备，更需要物质的基础。如今大城市里由于工作压力太大而患心理疾病，并导致自杀的现象时有发生，主动选择放弃，给自己松松绑，其实是一种不错的尝试。

人生好滋味

传统上，退休是老年人的专利，是从忙碌的工作走向悠闲的生活。而新退休主义宣称：退休与年龄无关，想退就退；退休与事业无关，想做就做。退休不是生活的尾声，而是另一种生活的开始。如果你也觉得自己工作太累，何不主动"退休"一段时间，四处走走，陪陪家人，交交朋友，思考思考人生。让自己的生活慢下来，反而会获得一个更充实的人生。

第四味　勇气
——勇于挑战，胆气让人敢于展翅

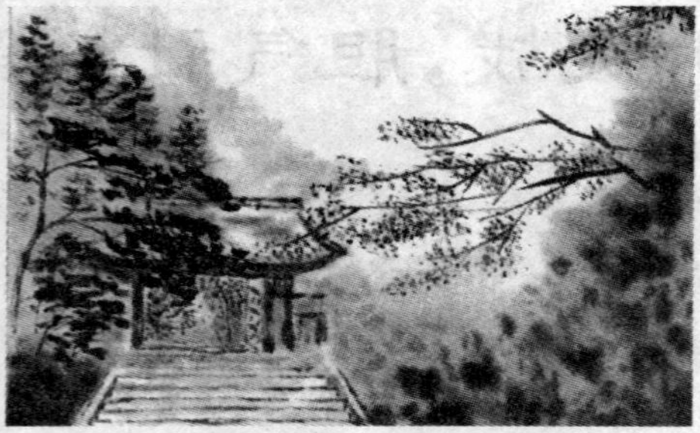

机遇属于有勇气的人

一天,一个年轻人救了一个人,被一个神仙看到了,神仙对他说:"因为你救人一命,将来会有三件大事要在你身发生,一是,你有机会得到很大的一笔财富;二是,你有机会能在社会上获得崇高的地位;三是,你有机会娶到一位漂亮而贤惠的妻子。"

这个人相信神仙的话绝对不会错的,于是他就用一生去等待这三件事情的发生。结果这个人穷困潦倒地度过了他的后半生,直到最后孤独地老死,依旧什么事也没有发生。

他升天之后,在天堂上又遇到了那位神仙,于是就问那位神仙说:"神仙啊,你怎么说话也不算数呢?你曾说过要给我很多的财富,结果我贫困一生;你说让我有很高的社会地位,结果我潦倒一世;你还说我会娶个漂亮贤惠的妻子,结果我一辈子单身。你害我等了一辈子,却一件事也没有在我身上发生,这是为什么?"

神仙回答道:"我只承诺过要给你三个机会,一个得到很大一笔财富的机会,一个获得人们尊敬的社会地位的机会,以及一个娶漂亮贤惠的妻子的机会。机会我给了你,可是你自己让这些机会从你身边溜走了。"

这个人迷惑不解地说："我不明白你的意思。"

神仙取出一面镜子让他看镜中浮现的画面：

第一幅画面：他坐在那冥思苦想，然后站起来来回走动，显得犹豫不决，最后他叹了口气说："算了吧！"又坐了下去。

神仙说："你当时想到了一个好点子，可是你怕失败而没有去尝试，你因此失去了得到财富的机会！"

神仙接着说道："因为你没有去行动，这个点子被另一个人想到了，那个人经过思考后，毫不犹豫地去做了，他后来成为全国最富有的人。你还羡慕过他，其实那所有财富本该是属于你的呀！"这个人后悔地点了点头。

第二幅画面：他一个人待在自己的家里，另一边是倒塌的房屋，有近万人被困在倒塌的房子里。

神仙说："这是发生了大地震之后，你本来有机会去救助那些幸存的人，而那个机会可以使你在城里得到极大的尊贵和荣耀！可是你忽视了那些需要你帮助的人，因为你怕有人乘机到你家里打劫偷东西。你认为人命没有你那一点财产重要，因此你失去了获得崇高地位的机会。"这个人不好意思地点了点头。

第三幅画面：一个头发乌黑的漂亮女子走过，他呆呆地望着那女子的背影，而后摇了摇头，叹了口气。

神仙又说："你曾经被她深深吸引，感觉自己从来未曾这么喜欢过一个女子，以后也不可能再遇到像她这么好的女人了。就是她！他本来该是你的妻子，你们也该有许许多多的快乐，还会有两个可爱的小孩，可是你总认为她不可能喜欢你，更不会答应跟你结婚。你因为害怕被拒绝，所以让她从你身边走过，最后成了别人的妻子！"这个人遗憾地点了点头。

人生好滋味

　　人的一生中总会遇到这样或那样的机遇，但好多人由于对自己没信心，总认为自己办不到、没有希望，加之内向、胆小、好面子等性格原因，轻易不敢尝试，结果白白错过许多可以改变一生的机会，最后人生满是遗憾。其实，很多时候只要你敢于鼓起一点勇气去尝试，你就会取得成绩，人生也不会因错失机会而后悔。

——第四味 勇气
勇于挑战，胆气让人敢于展翅

勇敢地把"不"说出来

星宇在一个城市里找了份工作。刚刚参加工作不久，舅舅来到这个城市看他。星宇陪着舅舅把这个小城转了转，就到了吃饭的时间。

星宇很想好好招待舅舅，因为舅舅一直对星宇很好。然而，星宇的身上仅剩几百元，这已是他所能拿出来招待舅舅的全部资金。他很想找个面馆随便吃一点，可舅舅却偏偏相中了一家体面的餐厅。星宇没办法，只得随他走了进去。

两人坐下来后，舅舅开始点菜，当他征询星宇的意见时，星宇只是含混地说："随便，随便。"此时，他的心中七上八下，放在衣袋中的手紧紧抓着那仅有的几百元。这钱显然是不够的，怎么办？

可是舅舅似乎一点也没注意到星宇的不安。饭菜上来了，舅舅不停地称赞着这儿可口的饭菜，星宇却什么味道都没吃出来。

最后的时刻终于来了，彬彬有礼的服务生拿来了账单，径直向星宇走来，星宇张开嘴，却什么话也说不出来。

舅舅温和地笑了，拿过账单，把钱给了服务生，然后盯着星宇说:"孩子,我知道你的感觉,我一直在等你说'不',但你为什么不说呢?要知道,有些时候一定要勇敢坚决地把这个字说出来,这是最好的选择。我这次来,就是想让你知道这个道理。"

人生好滋味

拒绝会不好意思,为顾及面子,结果却让你陷入尴尬的境地,面对自己难以承受之重,学会勇敢地说"不",这会让你感到轻松。说"不"的时候不仅意味着拒绝,有时候也是对自己的肯定。

第四味 勇气
——勇于挑战,胆气让人敢于展翅

不迷信权威

在一次世界优秀指挥家大赛的决赛中,世界著名的交响乐指挥家小泽征尔也是参赛者。

当他按照评委会给的乐谱指挥演奏时,发现了不和谐的音符。开始他以为是乐队演奏出了错误,就停下来重新指挥,但一到那里还是觉得不对。他认为是乐谱有问题。这时,在场的成名作曲家和评委会的权威人士都坚决地说乐谱绝对没有问题,是他错了。

面对众多音乐大师和权威人士,小泽征尔经过再三思考,最后斩钉截铁地大声说:"不!一定是乐谱错了!"话音刚落,音乐大师和评委席上的评委们都报以热烈的掌声,祝贺他大赛夺魁。

原来,这是评委们精心设计的"圈套",目的是以此来考验指挥家在遭到权威人士"否定"的情况下,能否坚持自己的正确主张。

前面参加比赛的指挥家也发现了错误,但最后因随声附和权威们的意见而被淘汰。小泽征尔却因为勇敢地说出了"不"而摘取了世界指挥家大赛的桂冠。

人生好滋味

太过于迷信权威，太过于顾及权威的想法，你会失去自我。在各个领域做出突出贡献的人，都是敢于对权威说"不"的人，因为如果一个人不敢质疑权威，那么他也就难以攀登自己所从事行业的巅峰。

——第四味 勇气——勇于挑战，胆气让人敢于展翅

生活需要勇气

有两个人一起穿越茫茫的戈壁滩,他们带的食物和水都用完了,又饿又渴,其中一个还生病了,行动特别艰难。没有食物还能坚持几天,但如果再找不到水,他们就很难坚持走出去了。

这时,其中健康的那个伙伴从口袋里掏出一把手枪和五发子弹给另一个人,并对他说:"我现在要去找水,有了水我们就好办了,要不然会死在这荒漠里。你在这里等着,千万不要离开,每间隔两个小时你就打一枪,枪声指引我,这样我就会找到正确的方向,然后与你会合,要不然我会找不到你。如果你打完所有子弹的两个小时以后,我依旧没有回来的话,那就不要再等我了,你一个人看是否有别的办法坚持走出去。"另一个人点了点头。

找水的人离去了,留下的那个人就满腹疑虑地躺在沙漠里等待。他按照伙伴说的话去做了,每隔两小时他就打一次枪。

时间在焦急的等待中过去，已经打过四次枪了，每打一次他的忧虑就加深一重。只剩下最后一发子弹了，找水的人却依然没有回来。他开始担心，一会儿他担心那同伴可能找水失败、中途渴死了。一会儿他又担心同伴找到水，弃他而去，不再回来。

他越想就越害怕，越怕就越胡思乱想。就在紧张的等待中又过了两个小时，留下的这个人彻底绝望了。

伙伴肯定早已听不见我的枪声，等到这颗子弹用过之后，我一个病人还有什么好办法呢？我只有等死而已！而且，在一息尚存之际，兀鹰会啄瞎我的眼睛，那是多么痛苦的事啊！还不如……

又过了一刻钟，依旧不见找水的伙伴回来，孤独与死亡的恐惧占领了他的内心，他终于忍不住了，举起了枪。枪声响了，枪口对的是自己的头颅！他用第五颗子弹打死了自己。

枪声响过后不久，那位找水的人，那提着满壶清水的同伴领着一队骆驼商旅循声而至，但他们所看到的只是一具尸体。

其实，这个人只要再坚持一会儿就可以活下来，可他怕朋友不能再回来，他没有勇气独自去面对，因此他放弃了活着走出戈壁的机会。

第四味 勇气——勇于挑战，胆气让人敢于展翅

人生好滋味

歌德说："如果你失去了财产，你只失去一点；如果你失去了荣誉，你将失去许多；如果你失去了勇气，你就把一切都失掉了！"人生的道路没有一帆风顺的，在面对曲折与坎坷的时候，你也许会失去活下去的勇气。然而，"千古艰难唯一死"，连死的勇气都有，还不敢坚强地活下去吗？活着就有希望，希望会带来转机，当你遭遇惨淡的人生时，勇于面对吧！

表面的勇气不等于真的勇气

有一个很胆小的人,他从小就什么事也不敢做,因此同学们都嘲笑他。父母也为他的胆小发愁,为了使他得到锻炼鼓起勇气,就让他参军了。在部队里他依旧胆小,还是常常被战友嘲笑。

后来他考了军校,可是在军校里他还是一样胆小,同学们不仅嘲笑他,还经常逗弄他出洋相,甚至连教官也看不起他。

一次学校组织他们进行扔手榴弹实弹训练,一个同学为了要让他出丑,拿了一个仿真的手榴弹,并偷偷地告诉了大家。

开始训练了,那个同学"不小心"将仿真的手榴弹扔到了同学中间,他装作紧张地大叫"小心",其他同学知道真相,也就跟着一起演戏,做出惊慌的样子。

那位胆小的同学也很惊慌,他并不知道大家都想看他出丑,但让人没想到的是他扑向了手榴弹,将它压在了身下。同学们震惊了,都呆立在那里,不是为那假手榴弹,而是为了他的举动。

时间过了许久,当他意识到这又是同学们的恶作剧时,他满脸通红地爬了起来,不好意思看大家。这时所有的同学和教官却都为他热烈地鼓起掌来。他不仅不是胆小鬼，反而是敢于担当的大英雄，他的形象在同学眼中立刻改变了。

人生好滋味

　　人们对于勇气的理解一直存在误区，其实人们平日说的胆大、敢作敢为等好多的行为并不是真的勇气，那往往只不过是匹夫之勇。真的勇气是在关键时候表现出来的冷静、智慧和大无畏的挑战精神、牺牲精神、正如苏东坡所总结的大勇之所为"匹夫见辱，拔剑而起，挺身而斗，此不足为勇也，天下有大勇者，卒然临之而不惊，无故加之而不怒。此其所挟持者甚大，而其志甚远也"。

为美好而战

这是一个真实的故事。

在 1981 年夏季,一位植物学家在雨后穿过一片森林时,遇到了一个水坑。当他想绕过水坑时,却突然受到了意外的攻击!

植物学家被连续攻击了三四次,但这攻击只是让他手足无措,却并没有受伤,因为完全出乎意料之外的是攻击他的居然是一只蝴蝶。

植物学家向后退了一步,攻击他的蝴蝶也就停止了攻击;他再向前迈步,那蝴蝶就又发起攻击,一次次猛烈地撞击着植物学家的胸口,他只得再次后退。

往复试了几次,植物学家就停了下来,那蝴蝶就在他面前挥动着漂亮的蝶翅飞舞,却不肯离去。那蝴蝶的非同寻常的举动让植物学家感到好奇,毕竟,攻击他的只是一只蝴蝶而已。

第四味 勇气 —— 勇于挑战,胆气让人敢于展翅于是，植物学家向后退了几步，想看看到底是怎么回事。他后退之后，攻击者飞落到地面上，植物学家终于明白了自己为什么会受到攻击。

就在蝴蝶降落的水坑边，另外一只蝴蝶已奄奄一息，应该是它的配偶吧？它靠在它的旁边，扑闪着美丽的翅膀，似乎在用它们的语言诉说。

蝴蝶的爱与勇气让植物学家感动不已。它义无反顾地向大它如此之多的人发起攻击，为的竟是避免人对它将逝的伴侣有所伤害，怕的是万一人不小心踩上了它。

尽管它即将死去，尽管面对的不速之客是如此庞大，它还是奋不顾身地发起攻击，以图阻止，仅仅是为了延缓它最后宝贵的生命时光。

植物学家明白了他被攻击的原因。他为那蝴蝶的行为所感动，对这美丽的小生灵肃然起敬。于是他小心翼翼地从水坑的另一边绕过，尽管从另一个方向绕过水坑非常泥泞难行。

对蝴蝶来说，攻击一个比自己大千万倍的巨物，需要多么大的勇气！它靠自己的行动赢得了与伴侣相伴的片刻安宁时光。

人生好滋味

　　生命本身就是一个美丽的过程，当亲情、友情、爱情、正义、尊严……美丽的情感与事物遇到巨大的困难和障碍时，那就勇敢地去面对。不要认为自己能力不足，担心做不到，没有试过怎么知道自己没有成功的能力？何况有勇气为美好的事物去挑战，本身就是一种美丽！

——第四味 勇气
勇于挑战，胆气让人敢于展翅

丢掉你的顾虑

1986年，一位中国大陆留学生应聘一位著名教授的助教。这是一个难得的机会，收入丰厚，又不影响学习，还能接触到最新科技信息。但当他赶到报名处时，那里已挤满了人。

经过筛选，取得考试资格的各国学生有三十多人，成功希望实在渺茫。考试前几天，几位中国留学生使尽浑身解数，打探主考官的情况。几经周折，他们终于弄清内幕——主考官曾在朝鲜战场上当过中国人的俘虏！

中国大陆留学生这下全死心了，纷纷宣告退出："把时间花在不可能的事上，再愚蠢不过了！"

这位留学生的一个好朋友劝他："算了吧！把精力匀出来，多刷几个盘子，赚点儿学费！"但他没听，而是如期参加了考试。最后，他坐在主考官面前。

主考官考察许久，最后给他一个肯定的答复："就是你了！"接着又微笑着说："你知道我为什么录取你吗？"

年轻留学生诚实地摇摇头。

"其实你在所有应试者中并不是最好的,但你不像你的那些同学,他们看起来很聪明,其实再愚蠢不过。你们是为我工作,只要能给我当好助手就行了,还管几十年前的事干什么?我很欣赏你的勇气,这就是我录取你的原因!"

后来,年轻留学生听说,教授当年做过中国军队的俘虏,但中国兵对他很好,根本没有为难他,他至今还念念不忘。

人生好滋味

许多人的脑子太复杂,总爱自作聪明,认为机遇总是属于那些最聪明、最优秀的人才,于是,他们就如此轻易地放弃了机遇,因此,他们往往还没有走到挑战的边缘就从心理上败下阵来。不如想得简单一些,尝试一下再说。也许,好运就在下一扇门后面。

第四味 勇气——勇于挑战,胆气让人敢于展翅

告诉自己我可以

五年前，史帝文经营的是小本农具买卖。他过着平凡而又体面的生活，但并不理想。他们家的房子太小，也没有钱买他们想要的东西，但史帝文的妻子并没有抱怨，很显然，她只是安于天命而并不幸福。

但史帝文的内心深处变得越来越不满。当他意识到爱妻和他的两个孩子并没有过上好日子的时候，心里就感到深深的刺痛。

但是今天，一切都有了极大的变化。

现在，史帝文有了一所占地两英亩的漂亮新家。他和妻子再也不用担心能否送他们的孩子上一所好的大学了，他的妻子在花钱买衣服的时候也不再有那种犯罪的感觉了。下一年夏天，他们全家都将去欧洲度假。史帝文真正地过上了好生活。

史帝文说："这一切的发生，是因为我利用了信念的力量。五年以前，我听说在底特律有一个经营农具的工作。那时，我们还住在克里夫兰。我决定试试,希望能多赚一点钱。我到达底特律的时间是星期天的早晨,但我与公司面谈还得等到星期一。晚饭后,我坐在旅馆里静思默想,突然觉得自己是多么的可憎。'这到底是为什么!'我问自己,'失败为什么总属于我呢?'"

史帝文不知道那天是什么促使他做了这样一件事:他拿了一张旅馆的信笺,写下几个他非常熟悉的、在近几年内远远超过他的人的名字。这些人已拥有更多权力和工作职责。其中两个原是邻近的农场主,现已搬到更好的边远地区去了;还有两位曾经为他们工作过;最后一位则是他的妹夫。

史帝文问自己:什么是这五位朋友拥有的优势呢?

他把自己的智力与他们作了一个比较,史帝文觉得他们并不比自己更聪明;而他们所受的教育,他们的正直,个人习性等,也并不拥有任何优势。终于,史帝文想到了另一个成功的因素,即主动性。史帝文不得不承认,他的朋友们在这点上胜他一筹。

当时已快深夜三点钟了,但史帝文的脑子却还十分清醒。他第一次发现了自己的弱点。他深深地挖掘自己,发现缺少主动性是因为在内心深处,他并不看重自己。

史帝文坐着度过了残夜,回忆着过去的一切。从他记事起,史帝文便缺乏自信心,他发现过去的自己总是在自寻烦恼,自己总对自己说不行,不行,不行!他总在表现自己的短处,几乎他所做的一切都表现出了这种自我贬值。

终于史帝文明白了:如果自己都不信任自己的话,那么将没有人信任你!

于是，史帝文做出了决定："我一直都不相信自己，从今后，我再也不这样想了。"

第二天上午，史帝文仍保持着那种自信心。他暗暗以这次与公司的面谈作为对自己自信心的第一次考验。在这次面谈以前，史帝文希望自己有勇气提出比原来工资高七百五十美元，甚至一千美元的要求。但经过这次自我反省后，史帝文认识到了他的自我价值，因而把这个目标提到了三千五百美元。结果，史帝文达到了目的。他获得了成功。

人生好滋味

在平凡面前，我们不愿意相信自己的潜力，不愿意为了未知的将来而破坏安宁的局面，而选择继续做一个走固定模式的人。我们每个人身上都有无穷的宝藏，用心去发现，树立自信心，下定决心，告诉自己"我可以"，从现在做起，成功也就离你不远了。

敢异想则天开

"陛下，给我一条纵帆船出海一战吧，让我把英国人打得灵魂出窍。"1916年，德国的少校卢克纳尔对威廉二世如是说。

此话一出，所有人都很惊诧不已。

假如这是在中世纪，这样敢于挑战大不列颠的军官固然有些鲁莽，但至少会获得勇敢刚毅的美名。但时光已经到了20世纪，这个时候，帆船早已成为一种古董，已经不可能作为战船来使用了。

卢克纳尔从小就是个富于反叛精神的人。他胆大心细，善于独出心裁，想别人不敢想，做别人不敢做的事情。

幸运的是威廉二世却认真地听取了这位少校的"疯话"。

卢克纳尔向威廉二世解释道："我们海军的头儿们认为我是在发疯，既然我们自己人都认为这样的计划是天方夜谭，那么，英国人一定想不到我们会这样干的吧。那么，我认为我可以成功地用古老的帆船给他们一个教训。"

这段话充分体现了卢克纳尔独特的思维，如果他是一个受过正统军事教育的军官，也许他是很难想出这样的主意的。"不受束缚"

的个性充分凸现，这样的奇思妙想让他与众不同。正因为这样，冒险的想法才成就了他的一次辉煌，成就了他人生的一次飞跃。

威廉二世被说动了，他同意了卢克纳尔的计划，用一条帆船去袭击英国人的海上航线。

卢克纳尔经过千辛万苦终于找到一条被废弃的老船，取名"海鹰号"。在他亲自设计监督下，这艘船开始了古怪的改造工程。

12月24日平安夜，海鹰号出击了，顺利突破英国海上封锁线，抵达冰岛水域，大西洋航线已经在望。

正在卢克纳尔高兴的时候，海鹰号和英国的复仇号狭路相逢。

海鹰号的火力不强，而复仇号却是一艘大型军舰，硬拼显然不是对手。卢克纳尔灵机一动，主动迎上去让他们检查，英国的检查员见是一条帆船，看也不看，放过了这艘暗藏杀机的帆船。

1月9日，到达英国海域后，在卢克纳尔的指挥下，"海鹰号"突然发起进攻，全歼英国船只，取得了巨大的胜利。

卢克纳尔之所以会成功，在于他想常人不敢想，正因为这种不切实际的做法让敌人处于轻敌的状态，而"海鹰号"则轻而易举地攻入敌方的心脏，进而获得战争的胜利，给一个国家带来了荣誉。

人生好滋味

拉开历史的帷幕，我们就会发现，凡是世界上有重大建树的人，在其攀登成功高峰的征途中，都会灵活地进行思考，并能够熟练应用起这种不切实际的想法，成就伟业。

别丢掉进取心

巴拉昂是一位年轻的媒体大亨,推销装饰肖像画起家,在不到十年的时间,便迅速跻身于法国五十大富翁之列,1998年因前列腺癌在法国博比尼亚医院去世。

临终前,他留下遗嘱,把他四亿六千万法郎的股份捐献给博比尼亚医院,用于前列腺癌的研究,另有一百万法郎作为奖金,奖给揭开贫穷之谜的人。

巴拉昂去世后,法国《科西嘉人报》刊登了他的一份遗嘱。他说:

"我曾是一个穷人,去世时却是以一个富人的身份走进天堂的。"

"在跨人天堂的门坎之前,我不想把我成为富人的秘诀带走,现在秘诀就锁在法兰西中央银行我的一个私人保险箱内,保险箱的三把钥匙在我的律师和两位代理人手中。谁若能通过回答穷人最缺少的是什么而猜中我的秘诀,他将能得到我的祝贺。"

"当然,那时我已无法从墓穴中伸出双手为他的睿智而欢呼,但是他可以从那只保险箱里荣幸地拿走一百万法郎,那就是我给予他的掌声。"

遗嘱刊出之后,《科西嘉人报》收到大量的信件,有的骂巴拉昂疯了,有的说《科西嘉人报》为提升发行量在炒作,但是更多的人还是寄来了自己的答案。

绝大部分人认为,穷人最缺少的是金钱。理由是穷人有了钱,穷人就不再是穷人了。有一部分人认为,穷人最缺少的是机会。一些人之所以穷,就是因为没遇到好时机,股票疯涨前没有买进,股票疯涨后没有抛出,穷人都穷在背时上。另一部分人认为,穷人最缺少的是技能。现在能迅速致富的都是有一技之长的人。还有的人认为,穷人最缺少的是帮助和关爱。总之,答案五花八门,应有尽有。

巴拉昂逝世周年纪念日,律师和代理人按巴拉昂生前的交待在公证部门的监视下打开了那只保险箱,在四万八千五百六十一封来信中,有一位叫蒂勒的小姑娘猜对了巴拉昂的秘诀。蒂勒和巴拉昂都认为穷人最缺少的是野心,即成为富人的野心。

在颁奖之时,《科西嘉人报》带着所有人的好奇,问年仅九岁的蒂勒,为什么想到是野心,而不是其他的。蒂勒说:"每次,我姐姐把她十一岁的男朋友带回家时,总是警告我说不要有野心!不要有野心!我想也许野心可以让人得到自己想得到的东西。"

巴拉昂的谜底和蒂勒的回答见报后，引起不小的震动，这种震动范围甚至超出法国，波及英美。

一些好莱坞的新贵和其他行业几位年轻的富翁就此话题接受电台的采访时，都毫不掩饰地承认：野心是永恒的特效药，是所有奇迹的萌发点；某些人之所以贫穷，大多是因为他们有一种无可救药的弱点，即缺乏野心。

人生好滋味

强大的野心和强烈的欲望可以使人施展全部的力量，尽力而为即是自我超越，那比做得好还重要。当你有足够强烈的欲望去改变自己的命运的时候，所有的困难、挫折、阻挠都会为你让路。欲望有多大，就能克服多大的困难，就能战胜多大的阻挠。你完全可以挖掘生命中巨大的能量，激发成功的欲望，因为有欲望时就有力量。

第四味 勇气
——勇于挑战，胆气让人敢于展翅

永远都要坐第一排

20世纪30年代，英国一个不出名的小镇里，有一个叫玛格丽特的姑娘，自小就受到严格的家庭教育。

父亲经常向她灌输这样的观点：无论做什么事情都要力争一流，永远坐在别人前头，而不能落后于人。

"即使坐公共汽车，你也要永远坐在前排。"父亲从来不允许她说"我不能"或"太难了"之类的话。

对于年幼的孩子来说，父亲的要求可能太高了。但他的教育在以后的年代里被证明是非常宝贵的。

正是因为从小就受到父亲的"残酷"教育，才培养了玛格丽特积极向上的决心和信心。

在以后的学习、生活和工作中，她时时牢记父亲的教导，总是抱着一往无前精神和必胜的信念，尽自己最大的努力克服一切困难，做好每一件事情，事事必争一流，以自己的行动实践着"永远坐在前排"的誓言。

玛格丽特在上大学时，学校要求学五年的拉丁文课程。她凭着顽强的毅力和拼搏精神，硬是在一年内全部学完了。令人难以置信的是，她的考试成绩竟然名列前茅。

玛格丽特不光在学业上出类拔萃，她的体育、音乐、演讲也是学生中的佼佼者。

她当年的校长这样评价："她无疑是我们建校以来最优秀的学生，她总是雄心勃勃，每件事情都做得很出色。"

正是因为如此，四十多年以后，英国乃至整个欧洲政坛上才出现了一颗璀璨耀眼的明星，她就是连续四年当选英国保守党领袖，并于1979年成为英国第一位女首相，雄踞政坛长达十一年之久，被政界誉为"铁娘子"的玛格丽特·希尔达·撒切尔夫人。

她使英国在经济、文化和政治生活上都发生了巨大的变化。直到今天，撒切尔夫人对英国的影响力仍然存在，不只是在英国国内，就是在整个国际社会，她都被视为是一位强有力的领导人，她在很大程度上使得外界改变了他们对妇女的印象。

人生好滋味

在这个人才辈出，竞争激烈的世界上，想坐在头一排的人不少，真正能坐在前排的人却总不会很多。许多人之所以不能坐到"前排"，就是因为他们把"坐在前排"仅仅当作一种人生理想，而没有真正付诸具体行动。

第四味 勇气——勇于挑战，胆气让人敢于展翅

真正的荣耀只能依靠自己

在美国耶鲁大学三百周年校庆之际,全球第二大软件公司"甲骨文"的行政总裁、世界第四富豪艾里森应邀参加典礼。

艾里森当着耶鲁大学校长、教师、校友、毕业生的面,说出一番惊世骇俗的言论。他说:"所有哈佛大学、耶鲁大学等名校的师生都自以为是成功者,其实你们全都是失败者,因为你们以在有过比尔盖·茨等优秀学生的大学念书为荣,但比尔·盖茨却并不以在哈佛读过书为荣。"

这番话令全场听众目瞪口呆。至今为止,像哈佛、耶鲁这样的名校从来都是令几乎所有人敬畏和神往的,艾里森也太狂了吧,居然敢把那些骄傲的名校师生称为"失败者"。

这还不算,艾里森接着说:"众多最优秀的人才非但不以哈佛、耶鲁为荣,而且常常坚决地舍弃那种荣耀。世界第一富比尔·盖茨,中途从哈佛退学;世界第二富保尔·艾伦,根本就没上过大学;世界第四富,就是我艾里森,被耶鲁大学开除;世界第八富戴尔,只读过一年大学。微软总裁史帝夫·鲍尔默在财富榜上大概排在十名开外,他与比尔·盖茨是同学,为什么成就差一些呢?因为他是在读了一年研究生后才恋恋不舍地退学的……"

艾里森接着"安慰"那些自尊心受到一点伤害的耶鲁毕业生,他说:"不过在座的各位也不要太难过,你们还是很有希望的,你们的希望就是,经过这么多年的努力学习,终于赢得了为我们这些人(退学者、未读大学者、被开除者)打工的机会。"

艾里森的话当然偏激,但并非全无道理。几乎所有的人,包括我们自己,经常会有一种强烈的"身份荣耀感"。

我们以出生于一个良好家庭为荣,以进入一所名牌大学读书为荣,以有机会在国际大公司工作为荣。不能说这种荣耀感是不正当的,但如果过分迷恋这种仅仅是因为身份带给你的荣耀,那么人生的境界就不可能太高,事业的格局就不可能太大,当我们陶醉于自己的所谓"成功"时,我们已经被真正的成功者看成了失败者。

人生好滋味

真正的成功者能令一个家庭、一所母校、一家公司、一个城市乃至一个国家以他为荣。但,他靠的往往不是这些给他的荣耀和给他提供的优越条件,而是靠自己!

大不了回到从前

有一条小河流从遥远的高山上流下来,经过了很多村庄与森林,最后它来到了一个沙漠。

它想:我已经越过了重重障碍,这次应该也可以越过这个沙漠吧!

当它决定越过这个沙漠的时候,它发现它的河水渐渐消失在泥沙当中,它试了一次又一次,总是徒劳无功,于是它灰心了。"也许这样就是我的命运了,我永远也到不了传说中的那个浩瀚的大海。"它颓丧地自言自语。

这个时候,四周响起一阵低沉的声音:"如果微风可以跨越沙漠,那么河流也可以。"原来这是沙漠发出的声音。

小河流很不服气地回答说:"那是因为微风可以飞过沙漠,那么为什么我却不行?"

"因为你坚持你原来的样子,所以你永远也无法跨越这个沙漠。你必须让微风带着你飞过这个沙漠,到达你的目的地。只要你愿意改变你现在的样子,让自己蒸发到微风中。"沙漠用低沉的声音这么说。

小河流从来不知道有这样的事情,"放弃我现在的样子,那么不等于是自我毁灭了吗?我怎么知道这是真的?"小河流问。

"微风可以把水汽包含在它之中,然后飘过沙漠,到了适当的地点,它就把这些水汽释放出来,于是就变成了雨水。然后这些雨水又会形成河流,继续向前进。"沙漠很有耐心地回答。

"那我还是原来的河流吗?"小河流问。

"可以说是,也可以说不是,"沙漠回答,"不管你是一条河流或是看不见的水蒸气,你内在的本质从来没有改变。你会坚持你是一条河流,是因为你从来不知道自己内在的本质。"

此时小河流的心中,隐隐约约地想起了自己在变成河流之前,似乎也是由微风带着自己,飞到内陆某座高山的半山腰,然后变成雨水落下,才变成今日的河流。

于是小河流终于鼓起勇气,投入微风张开的双臂,消失在微风中,让微风带着它,奔向它生命中的归宿。

第四味 勇气——勇于挑战,胆气让人敢于展翅

133

人生好滋味

　　人们常常由于怕失去苦心经营的成果而踯躅不前，却忘记了自己生来本是一无所有的，因而影响了远大目标的实现。俗语说得好："舍不得孩子套不着狼。"我们生命的历程也一样，要有改变自我的勇气才可能跨越生命中的障碍，取得新的突破。怕什么？大不了回到从前的一无所有的境况。

第五味 平衡
——劳逸结合,有张有弛

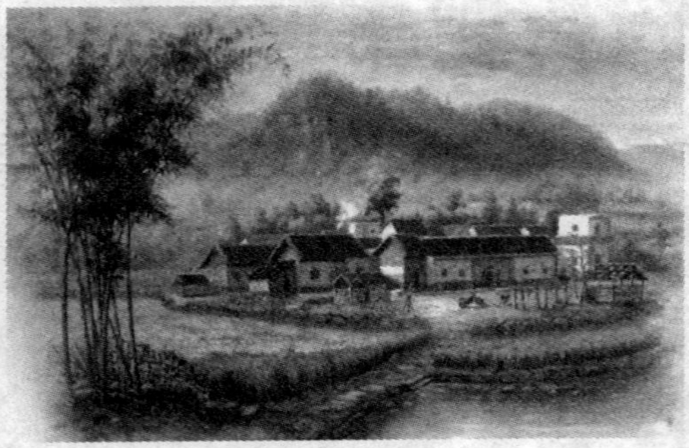

工作要进得去出得来

当走进社会,从第一天工作开始,麦斯礼心里只有一个目标——希望自己在三十岁的时候能赚得一个好的位置。由于急于表现,他几乎是拼了命工作。别人要求一百分,他非要做到一百二十分不可,总是要超过别人的预期。

二十九岁那年,麦斯礼果真坐到主管的位置,比他预期的时间还提早了一年。不过,他并没有因此而放慢脚步,反而认为是冲向另一个阶段的开始,工作态度变得更"疯狂"了。

那段时间,麦斯礼整个心思完全放在工作上,就连吃饭、走路、睡觉也几乎都在想工作,其他的事一概不过问。对他而言,下班回家,只不过是转换另一个工作场所而已。

拼命工作的结果不仅使他与家庭产生了距离,更因要求过分严格与员工形成对立的局面。而他自己,其实过得也并不舒服,常常感觉自己处在心力交瘁的状态。

当时,麦斯礼不认为自己有错,觉得自己做得理所当然,反而责怪别人不知体谅,不肯全力配合。不过,慢慢地他也发现,纵然自己尽了全力，却老是追不到自己想要的。

三十五以后，他才开始领悟，过去的态度有很大的错误，处处以工作成就为第一，没有想到工作只是人生的一部分，而不是全部。

麦斯礼不否认"人应该努力工作"，但是，在追求个人成就的同时，不应该舍弃均衡的生活，否则，就称不上"完整"的人生。

重新调整之后，麦斯礼发现自己更喜欢现在的自己，爱家、爱小孩，还有自己热衷的嗜好。他没想到这些自己过去不屑、认为浪费时间的事，现在却让他得到非常大的满足。对于工作，他还是很努力，但是开始注意劳逸结合，不再拼命地加班加点。

人生好滋味

在这个以工作为导向的社会里，出现了无数对工作狂热的人。他们没日没夜地工作，整日把自己压缩在高度的紧张状态中。每天只要张开眼睛，就有一大堆工作等着他。但是这样的生活毫无乐趣，如果你是这样的人，一定要跟麦斯礼学一学。

会休息才能高效工作

许多上班族被工作逼得加班不停、无法休假，而世界顶级企业家、政治家却强调：一定要挪出时间休息，做点有趣的事，这样才能高效工作。

第二次世界大战期间，七十岁高龄的英国首相丘吉尔，日理万机，需要夜以继日地工作，但他工作起来却总是精力充沛，令人惊奇。原来他很会安排自己的休息时间，每天中午都上床睡一小时，即使乘车，他也抓紧时间闭目养神、打盹儿。正是这种主动休息的良好习惯，使他能够不觉疲惫地处理国家事务，取得了令世人瞩目的成绩。

泰戈尔说过："休息与工作的关系，正如眼睑与眼睛的关系。"

这个比喻太贴切了，眼睛睁久了，就得闭上一会儿，养养神；工作久了，就应该休息一下，这样才能提高工作效率，将工作做得更好。生理学家就曾做过一个试验，验证了这一观点：

让一组身强力壮的青年搬运工人往货轮上装铁锭，年轻人们连续干了四个小时，结果勉强装了十二吨半的货物，这时候大家都累弯了腰，个个精疲力竭。

可是，一天后，让这些年轻人每干二十六分钟就主动歇息四分钟，同样花四小时，却装了四十七吨的铁锭且不觉得很累，工作效率明显提高。

人生好滋味

事业上的成功不是一朝一夕的事，时常加班加点地工作虽然能一时提高成绩，但是如此过度劳累反而会使人身心受损。如果能够合理地安排好自己的生活，确保工作和生活张弛有度，反而能够精力充沛、高效工作。工作越是忙碌，越是应该学会见缝插针地"偷懒"，以便有足够的体能和极佳的精神状态从容应付摆在面前的大小事务。

忙与闲要有机结合

忙的时候，就应该专心忙，认真工作，讲究效率。如果忙的时候，老是想着闲的乐趣，是忙不出什么效果来的。

星巴克咖啡在全球每五个小时就开一家分店，总裁舒尔茨用全球时区来做时间管理区隔。清早与上午，他专注欧洲的事务；接下来的时间留给美国业务；晚上就和亚洲通讯。

日产汽车CEO戈恩则每个月都要飞日本与法国一次。他把这些时间固定，每个月的第一周在巴黎、第三周在日本。因为时间有限，他规定每个会议都不能超过一个半小时，一半时间报告、一半时间讨论。

闲的时候，就应该专心闲，如逛街、郊游、听音乐等等。如果闲的时候，老是惦着没忙完的事，是闲不出什么乐趣来的。

美国著名企业家李·艾科卡，被美国人推崇为"企业界的民族英雄"，照常理，他应该是个大忙人，但他善于处理忙与闲的经验之谈，是值得我们借鉴的。

他说："只要能够专心致志，善于利用时间，做生意就一定能够成功——其实做任何事都一定能够成功。但是，你必须懂得什么时候该忙，什么时候该闲。自上大学以来，我每周一直在平日努力搞功课，设法空出周末，陪伴家人，或者娱乐一下。除非是紧张关头，我永远不会在星期五晚上、星期六或星期天工作。每星期天晚上我都集中精力计划下一周要做些什么。这基本上是我在利海大学养成的习惯。"

人生好滋味

忙与闲应该有机结合。在人生之路上踏着和谐的生活节奏前进，才有利于工作和身心健康。如果顾此失彼，本末倒置，不仅会影响工作效率，也会影响生活质量。

适时休息，降低疲劳

美国陆军曾经进行过好几次实验，证明即使是年轻人——经过多年军事训练而很坚强的年轻人——如果不带背包，每一小时休息十分钟，他们行军的速度就会加快，也更持久，所以指挥官强迫他们这样做。

一个人的心脏每天压出来流过全身的血液，足够装满一节火车上装油的车厢；每二十四小时所供应出来的能力，也足够用铲子把二十吨的煤铲上一个三英尺高的平台所需的能量。

你的心脏能完成这么多令人难以相信的工作量，而且要持续五十年、七十年甚至可能更长时间。如此大运动量，人的心脏怎么能够承受得了呢？

哈佛医院的沃尔特博士解释说："绝大多数人都认为，人的心脏整天不停地在跳动着。事实上，在每一次收缩之后，它都有完全静止的一段时间。当心脏按正常速度每分钟跳动七十次的时候，一

第五味 平衡——劳逸结合，有张有弛

143

天二十四小时里实际的工作时间只有九小时，也就是说，心脏每天休息了整整十五小时。"

在一本名叫《为什么要疲倦》的书里，作者丹尼尔说："休息并不是绝对什么事都不做，休息就是修补。"在短短的一点休息时间里，就能有很强的修补能力，即使只打五分钟的瞌睡，也有助于防止疲劳。

棒球名将康尼说过，每次出赛之前如果他不睡一个午觉的话，到第五局就会觉得精疲力竭了。可是如果他睡午觉的话，哪怕只睡五分钟，也能够赛完全场，一点也不感到疲劳。

人生好滋味

为了让工作有更好的成绩，每天多休息一些对工作是有益的，此外做些小游戏也可有益降低疲劳度，有益身心健康。有效地调整和使用自己的精力，该休息时休息，该娱乐时娱乐，让你随时有精力专心应对工作，而不会在关键时刻感到精疲力竭。

别让疲劳吞噬了自己

集市上有人卖鬼，吆喝声响亮，吸引了很多人。一个过路的人大起胆子去问卖鬼的人："你的鬼，多少钱一只？"

卖鬼的人说："二百两黄金一只！我这鬼很稀有的。它是只巧鬼。任何事情只要主人吩咐，全都会做。又很会工作，一天的工作量抵得一百人。你买回去只要很短的时间，不但可以赚回二百两黄金，还可以成为富翁呀！"

过路的人非常疑惑："这只鬼既然那么好，为什么你不自己使用呢？"

卖鬼的人说："不瞒您说，这鬼万般好，唯一的缺点是，只要一开始工作，就永远不会停止。因为鬼不像人，是不需要睡觉休息的。所以您要二十四小时，从早到晚把所有的事吩咐好，不可以让它有空闲。只要一有空闲，它就会完全按照自己的意思工作。我自己家里的活儿有限，不敢使这只鬼，才想把它卖给更需要的人！"

过路人心想自己的田地广大，家里有忙不完的事，就说："这哪里是缺点，实在是最大的优点呀！"

——第五味 平衡——劳逸结合，有张有弛

于是花二百两黄金把鬼买回家，成了鬼的主人。

主人叫鬼种田，没想到一大片地，两天就种完了。主人叫鬼盖房子，没想到三天房子就盖好了。主人叫鬼做木工装潢，没想到半天房子就装潢好了。整地、搬运、挑担、舂磨、炊煮、纺织。不论做什么，鬼都会做，而且很快就做好了。短短一年，鬼主人就成了大富翁。

但是，主人和鬼变得一样忙碌，鬼是做个不停，主人是想个不停。他劳心费神地苦思下一个指令，每当他想到一个困难的工作，例如在一个核桃核上刻十艘小舟，或在象牙球上刻九个象牙球，他都会欢喜不已，以为鬼要很久才会做好。没想到，不论多么困难的事，鬼总是很快就做好了。

有一天，主人实在撑不住，累倒了，忘记吩咐鬼要做什么事。鬼把主人的房子拆了，将地整平，把牛羊牲畜都杀了，一只一只种在田里，将财宝衣服全部磨成粉末……

正当鬼忙得不可开交之时，主人从睡梦中惊醒，才发现一切都没有了。

人生好滋味

这是一个寓言故事，真实世界当然不会发生这样的事情，可是这个"永不休息的鬼"却藏在每个人的心里，所有人都希望自己可以永不休息，如此自己就有时间干更多的事情，可是这样不停地工作真的是一种幸福的前兆吗？真的是一种人生的优点吗？恐怕幻想成真时，我们也会像那只"永不休息的鬼"一样把生活都吞噬了。

让灵魂追得上人生的脚步

多年前有一个探险家,雇用了一群当地土著做向导及挑夫,在南美的丛林中找寻古印加帝国的遗迹。尽管背着笨重的行李,那群土著依旧健步如飞,长年四处征战的探险家也比不上他们的速度,每每都喊着前面的土著停下来等候他一下。

探险的旅程就在这样的追赶中展开,虽然探险家总是落后,但在时间的压力下,他也只得竭尽所能地跟着土著前进。

到了第四天清晨,探险家一早醒来,立即催促着土著赶快打点行李上路,不料土著们却不为所动,令探险家十分恼怒。

后来与向导沟通之后,探险家终于了解背后的原因。

这群土著自古以来便流传着一项神秘的习俗,就是在旅途中他们总是拼命地往前冲,但每走上三天,便需要休息一天。

向导说:"那是为了让我们的灵魂,能够追得上我们赶了三天路的身体。"

第五味 平衡——劳逸结合,有张有弛

人生好滋味

　　每个人每天都似乎很忙碌，为了自己的目标在全力奋斗，甚至忙到忘了休息，最后被这样超负荷运转拖垮身心。要知道只有善于休息，才能更善于工作，就算是无知无觉的机器也需要停下来保养。我们需要抽出一点空闲时间，远离繁琐的工作，放松一下紧张的神经，调整一下自己的心情，思考思考人生的真谛，让疲惫的身心获得充足的复原机会，让灵魂追得上繁忙的人生。

压力也要拿得起放得下

有一位讲师于压力管理的课堂上拿起一杯水，然后问听众说："各位认为这杯水有多重？"

听众有的说二百克，有的说五百克，答案各种各样。讲师则说："这杯水只有二百克，但是各位能手Z拿这杯水多久呢？拿一分钟，各位一定觉没问题，拿一个小时，可能觉得手酸，拿一天，可能就得叫救护车了。"

"其实这杯水的重量一直没变，但是你若拿越久，就觉得越沉重。这就像我们承担着压力一样，如果我们一直把压力放在身上，不管时间长短，到最后就觉得压力越来越沉重而无法承担。我们必须做的是放下这杯水，休息一下后再拿起这杯水，如此我们才能拿的更久。所以，各位应该将承担的压力于一段时间后适时地放下，并好好地休息一下，然后再重新拿起来。"

——第五味 平衡——
劳逸结合，有张有弛

人生好滋味

俗话说："千里无轻担。"一个再轻的担子，哪怕是空筐，挑上它走上一公里不停，也会让人难以忍受，这跟我们在职场上何等相似。繁忙的工作有时逼着我们把压力带回家，结果自然影响生活。智慧的人懂得把工作留在公司，不带压力地享受闲暇时间，让自己充分地休息，然后才继续高效工作。只有懂得合理排解压力的人，才有良好的生活质量。

弄清楚你到底在忙什么

张先生曾经有一个叫秦关的同学，每次见到秦关的时候，他都是在忙个不停。一次，张先生忍不住问他为什么这么忙碌。

"啊，时间太少了，可我要做的事太多了。"话还未说完，他又急匆匆地向前赶去。

大家一定会认为秦关在事业上非常成功吧，可是据张先生从中学认识他到现在的二十多年里，他从未见过秦关在哪一方面有杰出的表现。

大家不免会产生疑问，那就是他一天急急匆匆，既舍不得休息，又舍不得娱乐，那么他到底在忙些什么？一次借着和他商量工作的机会，张先生发现了事情的原委。

当张先生早上八点半到公司找他的时候，他就已经在办公室很久了。刚一踏进他的办公室，张先生就吓了一跳，凌乱的文件到处都是，桌子上、书架上堆满了各种各样的资料。

第五味 平衡——劳逸结合，有张有弛

见到张先生进来，他从文件堆里抬起头，客套话也不说就谈起工作来。张先生也不敢怠慢，与他就公司的下半年工作计划讨论起来。

讨论中，张先生需要公司去年的策划方案作参考，于是他就在一大堆文件中翻起来。很显然，他并没有将文件归类，等他终于找到这份方案时，桌上的文件已被他翻了一大半，弄得乱七八糟的，时间也浪费了近二十分钟。

他们继续谈下去，又涉及公司往年的业绩，需要查一下这方面的数据，于是他又在书架上一本一本地寻找，这一次花了近半个小时。不一会儿，一家公司打电话向他要产品介绍，他再次停下来乱翻一气，这又是二十多分钟的时间。

看到这儿，张先生以前的疑团全部解开了。原来他的时间都花在了根本不必要的麻烦上面。张先生认真地提醒他："你为什么不花点时间把这些东西分类整理一下呢？"他大声抱怨道："你看我一天这么忙，哪有时间啊！"

从那以后，张先生再也不敢跟这位朋友打交道了，他实在不敢再花时间和他耗下去。

我们的身边，常常可以见到像秦关这样的人。他们总有一种时间不够用的感觉。但是，当他们回首往事的时候，却发现自己并没有做多少有意义的事，其实他们是把时间浪费在根本不必要的麻烦上面。原因就是没有计划。

人生好滋味

如果你想生活得轻松自如，就应该学会如何安排好自己的时间，学会做事时分清轻重缓急，学会照顾全局。在做事之前考虑一下，你这一天一共要做几件事。列一个任务表，并且按照优先次序对各项任务进行时间预算或分配，这样做对你会十分有益。

——第五味 平衡——
劳逸结合，有张有弛

在欲望与现实之间找平衡点

很久以前,有一位皇帝经过多年战争终于攻占敌国,高兴之余便下令重赏昔日忠心耿耿的大臣,于是下了这样一道告示:所有三品以上的大臣,都将获得一片土地,而且,土地的多少,由大臣们自己决定,方法是每一个大臣骑一匹马,在三天之内,绕着广袤的土地跑过一圈,圈子里的土地,就归个人所有;三品以下大臣由皇帝赏赐珠宝。

告示刚张贴出来,大臣们中间就沸腾开了,纷纷为国王的赏赐而兴奋不已,大呼英明。

几乎每个可以跑马圈地的大臣,都在最快的时间里,找到了各自最好的骏马,准备占领自己相中的土地。其中有一个大臣,身体瘦消,是朝中有名的"贫困户",在官场上钻营了大半辈子,也不过管理一个清水衙门,虽然大贵却无大富的可能。

在这次的圈地风潮面前,这位最喜欢占些小便宜的功臣,早已按捺不住内心的激动,心想:自己穷了一辈子,现在终于有机会大大地富贵一把了!自己一定要想个办法圈到最多的土地。

一番苦思冥想之后，这位穷大臣终于有了一个绝妙的计策，不禁喜上眉梢。原来，他为了能比别人得到更多的土地，干脆带足了三天的干粮，发誓要一直不停地跑下去，不到三天绝不下马。

就这样，穷大臣开始了自己的计划。第一天过去了，他就感觉太累了，神思恍惚，只有靠吃点食物才能有点精神。

第二天，他握着缰绳的手已经麻木、不听使唤，眼睛也几乎睁不开了，连续两天强打精神，已经让他本来衰老的身体，几乎失去了最后的一丝生气。他太渴望休息一下了，无数次地想要放弃，但是，圈地最多的伟大梦想压倒了一切。

终于，在一轮红日从东方升起的时候，已经在崩溃边缘的穷大臣，开始了第三天的征程。他极度乏力，但却无法进食。

他枯坐在马背上，再无法像开始时那样精神抖擞，连拉一拉缰绳，都要拼尽全力，有好几次，他都感到两眼发黑，似乎要从马背上栽下。但是，想到以后自己能成为这个国家最大的地主，他又顽强地坚持着。

日头一点点地向西方移动，三天的跑马圈地期限已近尾声，一个极其壮阔宏大的圆圈即将成形，穷大臣当初的梦想，眼看就要变成现实。

此刻胜利在望，穷大臣想起了年轻时鏖战沙场的英姿，不禁想学一学当年的样子，他居然真的举起了臂膀，却没想到，挥起双臂的瞬间，他整个人从马背上摔了下来，再也没有站起。此时，他离盼望已久的终点，只有几百公尺远。

第五味 平衡 — 劳逸结合，有张有弛

155

人生好滋味

欲望能助人成功，但也会使人疯狂，其间的区别在于人是否能够理智对待。人的贪欲永无止境，永远无法满足，可是我们的能力、精力有限，你必须知道自己的底线，否则就可能会像跑马圈地的穷大臣一样因为贪婪而丧了性命。找到欲望和现实之间的平衡点，你才能更好地控制欲望而不致为其疲于奔命、身心俱累，才能放松自己、享受生活。

输了自己，赢了世界又如何

卢比斯是一家大型网络公司的内容策划和监制，这家公司每天的工作都很紧张，就连上厕所都是用百米冲刺的速度。作为公司重要主管，他更是忙到中午吃饭都是狼吞虎咽地在十分钟内解决。

他经常坐在计算机前，盯着屏幕一坐就是一整天，一刻也不敢放松。他长年累月地工作着，没有双休日，没有节假日，天天晚上不到十二点回不了家，还常常因为突发事件而半夜，或者凌晨起来加班，生物钟完全被打乱了，睡眠更是严重不足。

自从他离开大学，就几乎再也没有进行过任何运动了，旅游更是想都不敢想。缺乏运动，使卢比斯的体形变得臃肿而难看，情绪也变得非常烦躁，常常因为一些小事和同事大发脾气。

当然，拼命的工作还是有了回报，卢比斯不久就被提拔为部门主管，可是与任命书一起到达的，还有老婆的离婚书和医院的入院证明书。

人生好滋味

在这样一个时代，像卢比斯这样的人并不少见，穿行在城市间的匆匆脚步，奔跑在写字楼间的身影，上班时间地铁拥挤的人群……一切一切都在昭示着大多数人在拼命地工作，紧张的节奏却似乎让人们忘记了自己为什么工作。工作只是生活的一部分，永远不要把它归于人生最重要的部分，输了自己，赢了世界又如何？

第六味 爱
——再忙也要留点时间给爱

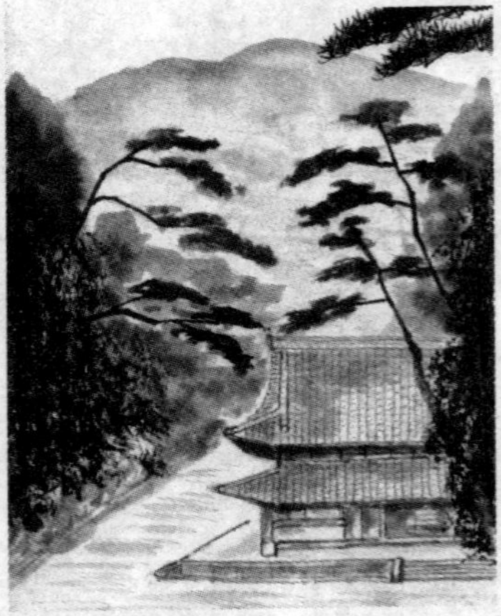

工作不是生活的全部

一个常年鏖战于商场的朋友，为了不断拓展业务而长期在外奔波，忽略了妻子的温柔，忽略了儿子的成长，而他还满心骄傲地以为自己的不辞辛苦让亲人过上了一天强似一天的日子。

忽然有一天，积劳成疾的他被送进了医院，初诊结果是癌症。他躺在病床上，望着眼角已爬上细细皱纹的妻子和长得比妈妈还高了的儿子，突然明白自己过去有多傻，多糊涂。

用长久的别离换得的优裕的物质生活环境又怎能替代亲人相守的天伦之乐呢？他流着泪向妻儿许诺，只要自己病能好，一家人再不分开，一起去旅游，去看海，去黄山观云雾。

后来经过复查发现先前误诊，他得的病只不过是良性肿瘤，手术后不久他就出院了。他没有忘记自己的诺言，也想带着妻儿出去走走，可是公司积压已久的事务亟待他去处理，大大小小的会议等着他去出席，他不由得感叹身不由己。黄山云雾，只有在梦里相见了！

人生好滋味

　　为什么经历了与死神擦肩而过的惊险，还不能抛开种种俗务的纷扰？忙忙碌碌、忧心忡忡的人，为何不问问自己：什么才是真正要紧的？人生的成功自然包含着人人想得到的功成名就，但它并不是最重要的，更不是唯一照亮世界的太阳，人生还有很多更重要的价值，比如亲情，比如爱。明白这点，对于那些整日为工作而奔波劳碌的人大有必要。

金钱永远代替不了亲情

一位爸爸下班回家很晚了,很累并有点烦,发现他五岁的儿子靠在门旁等他。

"爸爸,我可以问你一个问题吗?"

"当然可以,什么问题?"父亲回答。

"爸爸,你一小时可以赚多少钱?"

"这与你无关,你为什么问这个问题?"父亲生气地问。

"我只是想知道,请告诉我,你一小时赚多少钱?"小孩哀求。

"假如你一定要知道的话,我就告诉你,我一小时赚十美金。"

"喔!"小孩低着头这样回答。小孩接着说:"爸,可以借我五美金吗?"

父亲生气了:"如果你问这问题只是要借钱去买毫无意义的玩具或东西的话,马上给我回到你的房间好好想想为什么你会那么自私。我每天长时间辛苦工作着,没时间和你玩小孩子的游戏!"

听了父亲的话,小孩安静地回自己房间并关上门。

这位父亲坐下来还对小孩的问题生气,他很奇怪这么小的孩子怎么敢只为了钱而问这种问题？

约一小时后，他平静下来了，开始想着他可能对孩子太凶了，或许那五美金是小孩真正需要的，他不常常要钱用。

父亲走到小孩的房间并打开门。

"你睡了吗，孩子？"他问。

"爸爸，还没睡，我还醒着。"小孩回答。

"我想过了，我刚刚可能对你太凶了，"父亲说，"我将今天的闷气都爆发出来了。这是你要的五美金。"小孩笑着坐直了起来，"爸，谢谢你。"小孩叫着。

接着，小孩从枕头下拿出一些被弄皱了的钞票。这父亲看到小孩已经有钱了又向他要钱，忍不住又要发脾气。这小孩慢慢地算着钱，接着看着他的爸爸。

"为什么你已经有钱了还需要更多？"父亲生气地问孩子。

"因为我以前不够，但我现在足够了。"小孩高兴地说，"爸爸，我现在有十美金了，我可以向你买一个小时的时间吗？明天请早一点回家，我想和你一起吃晚餐。"

人生好滋味

不要以为能给亲人更多的钱就给了他一切，真正的情感是无法用金钱来衡量的。无论你怎样的忙，切莫忘记给家庭生活留出时间。

不要用金钱来衡量真爱

某乡村有一对清贫的老夫妇,有一天他们想把家中唯一值点钱的一匹马拉到市场上去换点有用的东西。

老头牵着马去赶集了,他先与人换得一头母牛,又用母牛去换了一只羊,再用羊换来一只肥鹅,又把鹅换了母鸡,最后用母鸡换了别人的一口袋烂苹果。

在每次交换中,他都想给老伴一个惊喜。当他扛着大袋子来到一家小酒店歇息时,遇上两个美国人。闲聊中他谈了自己赶集的经过,两个美国人听后哈哈大笑,说他回去准得被老婆子揍一顿。

老头子坚称绝对不会,美国人就用一袋金币打赌,于是三个人一起回到老头子家中。

老太婆见老头子回来了,非常高兴,她兴奋地听着老头子讲赶集的经过。每听老头子讲到用一种东西换了另一种东西时,她都充满了对老头的钦佩。她嘴里不时地说着:

"哦,我们有牛奶了!"

"羊奶也同样好喝。"

"哦，鹅毛多漂亮！"

"哦，我们有鸡蛋吃了！"

最后听到老头子背回一袋已经开始腐烂的苹果时，她同样不愠不恼，大声说："我们今晚就可以吃到苹果馅饼了。"

结果，美国人输掉了一袋金币。

人生好滋味

真爱的眼中没有缺点，真爱的心中全是快乐。只要彼此都在为对方着想，对与错已经都不重要了，当然也不必再算经济账了，物质上的那些损失又怎么能与精神上得到的快乐相比呢？

只有时间才能真正认识爱

从前有一个小岛，上面住着快乐、悲哀和爱，还有其他各类情感。

一天，情感们得知小岛快要下沉了，于是，大家都准备船只，离开小岛。只有爱留了下来，她想要坚持到最后一刻。

过了几天，小岛真的开始下沉了，爱想请人帮忙。

这时，富裕乘着一艘大船经过。

爱说："富裕，你能带我走吗？"

富裕答道："不，我的船上有许多金银财宝，没有你的位置。"

爱看见虚荣在一艘华丽的小船上，说："虚荣，帮帮我吧！"

"我帮不了你，你全身都湿透了，会弄坏了我这漂亮的小船。"

悲哀过来了，爱向她求助："悲哀，让我跟你走吧！"

"哦……爱，我实在太悲哀了，想自己一个人待一会儿！"悲哀答道。

快乐走过爱的身边，但是她太快乐了，竟然没有听到爱在叫她！

突然，一个声音传来："过来！爱，我带你走。"

这是一位长者。爱大喜过望，竟忘了问他的名字。登上陆地以后，长者独自走开了。

爱对长者感恩不尽，问另一位长者知识："帮我的那个人是谁？"

"他是时间。"知识老人答道。

"时间？"爱问道，"为什么他要帮我？"

知识老人笑道："因为只有时间才能理解爱有多么伟大。"

人生好滋味

忙碌的我们重视工作，重视报酬，重视机遇，却常常忽视爱，但是时间走过，我们才发现我们所追求的远远不如爱来得重要。时间能够理解爱有多伟大，但是忽视它的人懂得时难免已太晚，如果你现在知道爱有多么伟大，那就赶快重视它。

为爱心感恩

报纸在感恩节的社论版上有一则故事：

说有一位教师要求她所教的一班小学生画下最让他们感激的东西。她心想能使这些穷人家小孩心生感激的事物一定不多，她猜他们多半是画桌上的烤火鸡和其他食物。

当看见道格拉斯的图画时，她十分惊讶，那是以童稚的笔法画成的一只手。

"谁的手？"全班都被这抽像的内容吸引住了。

"我猜这是上帝赐食物给我们的手。"一个孩子说。

"一位农夫的手。"另一个孩子说。

到全班都安静下来，继续做各人的事时，老师才过去问道格拉斯，那到底是谁的手。

"老师，那是你的手。"孩子低声说。

老师想起来自己曾经在休息时间牵着孤寂无伴的道格拉斯散步；她也经常如此对待其他孩子，但对道格拉斯来说却特别有意义。

第六味 爱——再忙也要留点时间给爱

人生好滋味

或许别人的给予是无意识的，也或许别人的给予是微不足道的，但没有任何人必须为你去做什么，为别人的给予去感恩，这正是每个人应当做的。生命的每一处都会有些小事值得感恩，你会因此感受到生活的美丽。

感恩父母

一个男孩在离家二十多里的县城读高中。

在那一年感恩节的夜晚，他独自躺在床上看一本外国文集。看到了书中有一段故事：

一个远离父母的孩子，在他十六岁那年的感恩节，他突然意识到自己长大了，他想到了感恩。于是，他不顾窗外飘着雪，连夜赶回家对父母说，他爱他们。

这孩子的父亲打开门时，他说："爸，今天是感恩节，我特地赶回来向你和妈妈表示感谢，谢谢你们给了我生命！"他的话刚说完，父亲就紧紧地拥抱了他，母亲也从里间走出来，深情地拥吻了他。

男孩子再也看不下去了，因为今天正是西方的感恩节，那种温馨的场面，一下子牵动了他的思乡情结。"我也要给父母一个惊喜！"他想。

已经是晚上了，没有了回家的车。于是他借了一辆自行车，就急忙地往家赶，全然不顾天正下着雨。

一路上，男孩一直在想象着父母看到他时的惊喜。尽管汗水和着雨水湿透了衣服，他依然使劲地蹬着踏板，只想早些告诉父母他对他们的爱与感激。

终于，男孩站到了家门口，心情激动地敲响了门。

门打开了，母亲一见没等他说话就问道："你怎么啦？深更半夜的，怎么回来了，出什么事了？"男孩想了无数遍的话却说不出口了。迟疑了半天也没说出来，最后什么也没说，只是摇摇头说了声没事，走进了自己的房间。

他想：难道文学和生活就相差这么远吗？

父亲走出来问母亲："怎么啦？""不知怎么了，"母亲说，"我问他，他也不说。让他歇着吧，明天再说。"

第二天早上，男孩起床后不见父亲，问道："妈，爸去哪了，怎么不见他？"

"去你学校，问问你到底出了什么事？他担心着呢！"

"唉！"男孩叹口气说，"我什么事也没有，就是想回来看看你们。"

"你深更半夜地跑回来，什么也不说，我和你爸一宿没睡，天刚蒙蒙亮，你爸就走了！"

男孩苦笑了一下，没想到感恩不成，却又让父母担心了一夜。

从那晚男孩明白了，对于父母的感恩方式有许多种，并不一定是在深夜赶回家。男孩感恩却弄巧成拙，但也再一次感受到了父母那份深深的爱。

人生好滋味

　　世间最伟大的爱莫过于父母之爱，世间最值得感恩的人就是自己的父母。给我们生命的是父母，养育我们的是父母，每天牵挂我们的是父母。数十年如一日，他们给子女深沉的关爱，甚至我们都已长大，都能独当一面了，他们依旧不停地去关心爱护我们。动物尚知反哺，我们难道还不知道感恩父母吗？

第六味 爱
——再忙也要留点时间给爱

经营好自己的婚姻

学校的最后一门课是《婚姻有经营和创意》，主讲老师是学校特地聘请的一位研究婚姻问题的教授。

他走进教室，把随手携带的一迭图表挂在黑板上，然后，他掀开挂图，上面用毛笔写着一行字：

婚姻的成功取决于两点：

一、找个好人。

二、自己做一个好人。

"就这么简单，至于其他的秘诀，我认为如果不是江湖偏方，也至少是些老生常谈。"教授说。

这时台下嗡嗡作响，因为下面有许多学生是已婚人士。

过了一会儿，终于有一位三十多岁的女子站了起来，说："如果这两条没有做到呢？"

教授翻开挂图的第二张，说："那就变成四条了。"

一、容忍，帮助。帮助不好仍然容忍。

二、使容忍变成一种习惯。

三、在习惯中养成傻瓜的品性。

四、做傻瓜,并永远做下去。

教授还未把这四条念完,台下就喧哗起来,有的说不行,有的说这根本做不到。

等大家静下来,教授说:"如果这四条做不到,你又想有一个稳固的婚姻,那你就得做到以下十六条。"

接着教授翻开第三张挂图。

一、不同时发脾气。

二、除非有紧急事件,否则不要大声吼叫。

三、争执时,让对方赢。

四、当天的争执当天化解。

五、争吵后回娘家或外出的时间不要超过八小时。

六、批评时的话要出于爱。

七、随时准备认错道歉。

八、谣言传来时,把它当成玩笑。

九、每月给他或她一晚自由的时间。

十、不要带着气上床。

十一、他或她回家时,你最好要在家。

十二、对方不让你打扰时,坚持不去打扰。

十三、电话铃响的时候,让对方去接。

十四、口袋里有多少钱要随时报账。

十五、坚持消灭没有钱的日子。

十六、给你父母的钱一定要比给对方父母的钱少。

教授念完，有些人笑了，有些人则叹起气来。

教授听了一会儿说："如果大家对这十六条感到失望的话，那你只有做好下面的二百五十六条了。总之，两个人相处的理论是一个几何级数理论，它总是在前面那个数字的基础上进行二次方。"

接着教授翻开挂图的第四页，这一页已不再是用毛笔书写，而是用钢笔，二百五十六条，密密麻麻。教授说："婚姻到这一地步就已经很危险了。"这时台下响起了更强烈的喧哗声。

不过在教授宣布下课的时候，有的人坐在那儿没有动，他们流下了眼泪。

人生好滋味

夫妇之间长期相处，闹意见，吵嘴也是常见的事，但要明白一点：人总免不了有缺点。既然相爱，那么就应该因爱而了解，因了解而容忍，因容忍而宽恕，因宽恕而美丽。双方应该尽量容忍，细心地去体谅对方，这样婚姻才会稳定，家庭才会和睦，幸福才会长久。

学会低头，生活就会和谐

加拿大魁北克省有一条南北走向的山谷。山谷没有什么特别之处，唯一能引人注意的是它的西坡长满松、柏、女贞等树，而东坡却只有雪松。

这一奇异景色之谜，许多人不知所以，然而揭开这个谜的，竟是一对夫妇。

那是1993年的冬天，这对夫妇的婚姻正濒于破裂的边缘，为了找回昔日的爱情，他们打算做一次浪漫之旅，如果能找回就继续生活，否则就友好分手。

他们来到这个山谷的时候，下起了大雪，他们支起帐篷，望着满天飞舞的大雪，发现由于特殊的风向，东坡的雪总比西坡的大且密。

不一会儿，雪松上就落了厚厚的一层雪。不过当雪积到一定程度，雪松那富有弹性的枝丫就会向下弯曲，直到雪从枝上滑落。这样反复地积，反复地弯，反复地落，雪松完好无损。但其他的树，却因没有这个本领，树枝被压断了。

妻子发现了这一景观，对丈夫说："东坡肯定也长过杂树，只是不会弯曲才被大雪摧毁了。"少顷，两人似乎突然明白了什么，紧紧地拥抱在一起。

人生好滋味

生活中我们承受着来自各方面的压力，积累到让我们难以承受的程度，这时候，我们需要像雪松那样弯下身来。释下重负，才能够重新挺立，避免被压断的结局。弯曲，并不是低头或失败，而是一种弹性的生存方式，是一种生活的艺术。婚姻中也不可避免有风雪，爱情的大树也需要弯曲的艺术。夫妻之间无所谓强弱，相互体谅些，相互忍让些，关键时刻低一下头，一切就全都会过去。

爱情不一定轰轰烈烈

他爱上她的时候，她才十九岁，正在远离现实世界的象牙塔里做着纯真的梦。而他已经工作了好几年，差不多忘记了什么是浪漫，因此，他尽可能小心地呵护着他和她的精神世界。

有一天，他借来一部影片《索菲的选择》，和她一起看。片子看完了，她并没有真正明白片子最深刻的意义，可是有一个镜头从此嵌入了她的脑海，令她永生难忘：当人们撞开房门，冲进屋子时，发现那两个相爱的人已相拥着告别了这个世界。

她流泪了，她问他这是不是爱的最高境界。他笑了笑，没有回答。她觉得，他一定知道还有一种更高的境界。

他等了她很多年，然后她成了他的妻子。渐渐地，不知有意还是无意，他们养成了相拥而眠的习惯。无论睡梦中变化了怎样的姿势，无论他们为了什么事互不理睬，第二天清晨醒来，她总是在他怀里。

她觉得很幸福。再后来，他们之间发生了一些事，开始互相怀疑他们之间的感情。他不再对她说"我爱你"，当然她也不再对他说"我也是"。

一天晚上,他们谈到了分手的事,背对背睡下了。

半夜,天上打雷了。第一声雷响时,他惊醒了,下意识地猛地用双手去捂她的耳朵,才发现不知何时他又拥着她了。第二声雷紧接着炸开了,她或许是被雷声或许是被他的手弄醒了,睁开眼,耳里还有闷闷的雷声,他的手正从她耳朵上拿开。她的眼顿时湿润了。他们重新闭上眼,假装什么也没发生,可谁都没有睡着。

她想,也许他还爱我,生怕我受一点点惊吓。

他想,也许她还爱我,不然她不会流泪的。

人生好滋味

看惯了轰轰烈烈的爱情你会发现:那些故事之所以催人泪下是因为都是悲剧;就算有一些喜剧,也是在圆满结局后就戛然而止,那是因为接下来故事就不得不归于平淡。其实,并不是所有的爱都惊天动地,真爱通常是平淡的,它一定要经得起岁月的冲刷,爱的最高境界就是经得起平淡的流年。

拥有的就是最珍贵的

从前，有一座寺庙，有许多人前来上香拜佛，香火很旺。在寺庙大门的横梁上有个蜘蛛结了张网，由于每天都受到香火和虔诚祭拜的熏染，蜘蛛便有了佛性。经过了一千多年的修炼，蜘蛛佛性增加了不少。

忽然有一天，佛陀光临了这座寺庙，看到这里香火很旺，十分高兴。离开寺庙的时候，佛陀不经意间抬头，看见了横梁上的蜘蛛。

佛陀停下来，问这只蜘蛛："你我相见总算是有缘，我来问你个问题，看你修炼的这一千多年来，有什么真知灼见，怎么样？"

蜘蛛遇见佛陀很是高兴，连忙答应了。

佛陀问道："世间什么才是最珍贵的？"

蜘蛛想了想，回答道："世间最珍贵的是'得不到'和'已失去'。"

佛陀没有说话，离开了。

就这样又过了一千年的光景，蜘蛛依旧在寺庙的横梁上修炼，它的佛性大增。

一日，佛陀又来到寺前，对蜘蛛说道："你可还好，一千年前的那个问题，你可有什么更深的认识吗？"

蜘蛛说："我觉得世间最珍贵的还是'得不到'和'已失去'。"

佛陀说："你再好好想想，我会再来找你的。"

又过了一千年，有一天，刮起了大风，风将一滴甘露吹到了蜘蛛网上。蜘蛛望着甘露，见它晶莹透亮，很漂亮，顿生喜爱之意。蜘蛛每天看着甘露很开心，它觉得这是三千年来最开心的几天。突然，刮起了一阵大风，将甘露吹走了。蜘蛛一下子觉得失去了什么，感到很寂寞和难过。

这时佛陀又来了，问蜘蛛："这一千年，你可好好想过这个问题：世间什么才是最珍贵的？"

蜘蛛想到了甘露，对佛陀说："世间最珍贵的一定是'得不到'和'已失去'。"

佛陀说："好，既然你有这样的认识，我让你到人间走一遭吧。"

就这样，蜘蛛投胎到了一个官宦家庭，成了一个富家小姐，父母为她取了个名字叫珠儿。一晃，珠儿到了十六岁了，已经成了个婀娜多姿的少女，长得十分漂亮，楚楚动人。

这一日，皇帝在后花园为新科状元郎甘鹿举行庆功宴席。来了许多妙龄少女，还有皇帝的小公主长风公主。状元郎在席间表演诗词歌赋，大献才艺，在场的少女无一不对他倾心。但珠儿一点也不紧张和吃醋，因为她知道，这是佛陀赐予她的姻缘。

过了些日子，说来很巧，珠儿陪同母亲上香拜佛的时候，正好甘鹿也陪同母亲前来。

上完香拜过佛，二位长者在一边说上了话。珠儿和甘鹿便来到走廊上聊天，珠儿很开心，终于可以和喜欢的人在一起了，但是甘鹿并没有表现出对她的喜爱。

珠儿对甘鹿说："你难道不曾记得十六年前，这座寺庙前蜘蛛网上的事情了吗？"

甘鹿很诧异，说："珠儿姑娘，你漂亮，也很讨人喜欢，但你的想象力未免太丰富了吧。"

说罢，甘鹿和母亲离开了。珠儿回到家，心想，佛陀既然安排了这场姻缘，为何不让他记得那件事，甘鹿为何对我没有一点的感觉？

几天后，皇帝下诏，命新科状元甘鹿和长风公主完婚；珠儿和太子芝草完婚。这一消息对珠儿如同晴天霹雳，她怎么也想不通，佛陀竟然这样对她。

几日来，她不吃不喝，穷究急思，灵魂行将出壳，生命危在旦夕。

太子芝草知道了，急忙赶来，扑倒在床边，对奄奄一息的珠儿说道："那日，在后花园众姑娘中，我对你一见钟情，我苦求父皇，他才答应。如果你死了，那么我也就不活了。"说着就拿起了宝剑准备自刎。

就在这时，佛陀来了，他对快要灵魂出壳的珠儿说："蜘蛛，你可曾想过，甘露（甘鹿）是由谁带到你这里来的呢？是风（长风公主）带来的，最后也是风将它带走的。甘鹿是属于长风公主的，他对你不过是生命中的一段插曲。"

"而太子芝草是当年寺门前的一棵小草，它看了你三千年，爱慕了你三千年，但你却从没有低下头看过它。蜘蛛，我再来问你，世间什么才是最珍贵的？"蜘蛛听了这些真相之后，一下子大彻大悟了，它对佛陀说："世间最珍贵的不是'得不到'和'已失去'，而是现在能把握的幸福。"

刚说完，佛陀就离开了，珠儿的灵魂也回位了，睁开眼睛，看到正要自刎的太子芝草，她马上打落宝剑，和太子深深地拥抱在一起……

每个人的人生中，都曾经有过许多美好的向往，这些幻想可能穷尽一生的努力也不能实现。

也许正因为如此，人们才会总是认为得不到的是心目中最好的，已失去的才是值得永远怀念的，也因此忽略了自己拥有的。

人生好滋味

再少的收获也比一无所获多，现在所拥有的一定比"得不到"的和"已失去"的更好，把握住自己手中拥有的吧，不要等到拥有的在漠然中失去之后，才感到弥足珍贵，才后悔自己的错失。得不到的和已失去的都不属于你，要把握自己所拥有的。

把痛苦关在门外

在某栋楼的一个楼层电梯口，电梯门开的时候，你会赫然看见一家门上挂了块木牌，上头写着两行字："进门前，请脱去烦恼；回家时，带快乐回来。"

长久凝视，细细玩味，你不禁会对这家主人萌生无限感佩。短短的两句话，蕴含的却是深奥的家庭哲理。

进屋后，果见男女主人一团和气，两个孩子大方有礼，一种看不见却感觉得到的温馨、和谐，满满地充盈着整个屋内。自然问及那方木牌，女主人笑着望向男主人："你说？"

男主人则温柔地瞅着女主人："还是你说，这是你的创意。"

女主人甜蜜地笑道："应该说是我们共同的理念才对。"

经过一番推让，女主人轻缓地说："其实也没什么大学问，一开始只是提醒我自己，身为女主人，有责任把这个家经营得更好……而真正的起因，是有一回在电梯镜子里看到一张疲惫、灰暗

——再忙也要留点时间给爱 第六味 爱

的脸，一双紧拧的眉毛，下垂的嘴角，烦愁的眼睛……把我自己吓了一大跳，于是我想，当孩子、丈夫面对这样一张面孔时，会有什么感觉？假如我面对的也是这样的面孔，又会有什么反应？"

"接着我想到孩子在餐桌上的沉默、丈夫的冷淡，这些原先认定是他们不对的事实背后，是不是隐藏了另一种我不了解的原因？那真正的原因，竟是我！当时我吓出一身冷汗，为自己的疏忽而后悔，当晚我便和丈夫长谈，第二天就写了一方木牌钉在门上。结果，被提醒的不只是我而是一家人……"

人生好滋味

家是心灵的港湾，是享受自己生活的空间，是一个亲情与爱的空间，每个家庭成员的一举一动或一句话、一个表情都直接影响家庭每个成员的心情。如果把家比作是一个存储器，你把欢乐"存"进去，拥有的就是快乐，你如若把烦恼"存"进去，拥有的也就只有烦恼。不要把工作中的压力和在外面的烦恼带回家，让家中只有快乐。

家的感觉来自于家人所给的爱

生活中常常有这样的情况：

一个女人是非常好的人，从结婚之日起就努力操持一个家。她会在清晨五点钟就起床，为一家老小做早饭；每天下午，她总是弯着腰刷锅洗碗，家里的每一只锅碗都没有一点污垢；晚上，她蹲着认真地擦地板，把家里的地板收拾得比别人家的床还要干净。

一个男人也是非常好的人，他不抽烟、不喝酒，工作认真踏实，每天准时上下班。他也是个负责任的父亲，经常督促孩子们做功课。

按理说，这样的好女人和好男人组成一个家庭应该是世界上最幸福的了。

可是，他们却常常暗自抱怨自己的家不幸福。常常感慨"另一半"不理解自己。男人悄悄叹气，女人偷偷哭泣。

第六味 爱
——再忙也要留点时间给爱

这个女人心想：也许是地板擦得不够干净，饭菜做得不够好吃。于是，她更加努力地擦地板，更加用心地做饭。可是，他们两个人还是不快乐。

直到有一天，女人正忙着擦地板，丈夫说："老婆，来陪我听一听音乐。"女人想说"我还有事没做完呢"，可是话到嘴边突然停住了——她一下子悟到了世上所有"好女人"和"好男人"婚姻悲剧的根源。她忽然明白，丈夫要的是她本人，他只希望在婚姻中得到妻子的陪伴和分享。

刷锅子、擦地板难道要比陪伴自己的丈夫更重要吗？于是，她停下手上的家务事，坐到丈夫身边，陪他听音乐。令女人吃惊的是，他们开始真正地彼此需要，以前他们都只是用自己的方式爱对方，而事实上，那也许并不是对方真正需要的。

人生好滋味

在生活方面成功的人士往往都非常重视家庭，他们知道，家的感觉更多的来自于家人所给予的爱的温暖，即使地板有一些脏，饭菜有一点儿难吃，却仍然温馨，令人甘之如饴。

执子之手，不离不弃

有一个人因为生意失败，迫不得已变卖了新购的住宅，而且连他心爱的小跑车也脱了手，改以电单车代步。

有一日，他和太太一起，相约了几对私交甚笃的夫妻出外游玩，其中一位朋友的新婚妻子因为不知详情，见到他们夫妇共乘一辆电单车来到约定地点，便冲口而出问道：

"为什么你们骑电单车来？"

众人一时错愕，场面变得很尴尬，但这位妻子不急不缓地回答：

"我们骑电单车，是因为我想在后面抱着他。"

什么是真正的爱？能够甘苦与共的夫妇，他们的爱是一种不离不弃的感情，无论生活是否顺畅。

人生好滋味

相爱不是说出来的誓言,而是做出来的。真正的爱不管顺境抑或逆境,双方都会互相支持、共同面对。爱是发自内心的,当你时时刻刻想起当初的那份真挚的感觉,你自然知道应该怎样跟你的伴侣携手去走以后的道路。爱是不论贫穷、富有、健康、疾病都永远不离不弃的牵绊。

爱也需要独立空间

早晨,她和先生出门就分开了,她上班,他赶车,今天他出差。他隔三差五的总有那么一趟差要出,大家都习惯了。

上午她出门办件事,路过一家商场,便进去转了一圈。她看中一件风衣,左试右试,有心想买,又怕自己看走了眼;再一看价钱,算计身上带的钱还差了一点呢,忽然想到这里离先生的公司很近,心想:"打个电话叫他出来一趟吧!"既可以给点意见,又可以付钱。

但是,突然她想起来今天他出差了,他不在这个城市。一念及此,她就放下衣服出了商场。

外面是阳光的河流、人的河流、车的河流,一个光亮、热闹、忙碌、杂乱的世界。而她突然发现她的心情跟早上有点不一样了,有点孤独无依的恐慌。

当她想到这个城市的人群中没有他,立即感到面前这个城市变得荒凉了,空旷了。她在这个城市里的奔忙还有什么意义呢?

　　这个城市跟她有什么关系呢?她被自己的这种情绪吓了一大跳。她已经在这个城市生活十多年,有一份很好的职业,有不算太小的朋友圈子,可是,仅仅因为他的一次例行公事的出差,离开了这个城市,就否定了这一切、否定了这个城市对她的意义!

　　在这一刹那间,她突然看清了自己的现状,她知道自己是一个爱着他的女人;她好像第一次看清了她的爱情、她的婚姻对于她的意义,她知道它很重要,可从没想到它重要到这个地步。

人生好滋味

　　真爱是全身心的付出,却不是过分的依赖。相爱的人需要的是彼此牵挂,彼此关怀,彼此的真心付出,但不要过分地依赖爱人,要给自己一个独立的空间。因为人生的路上有许多不可预知的风雨,一旦依赖成性,你失去了自己的天空,你将无力独自面对。

爱的力量不可估量

一天，生活在山上的部落突然对生活在山下的部落发动了侵略，他们不仅抢夺了山下部落的大量财物，还绑架了一户人家的婴儿，并把他带回到山上。

可是山下部落的人们不知道怎样才能爬到山上去。他们既不知道山上部落平时走的山道在哪里，也不知道到哪里去寻找山上部落，甚至不知道如何去发现他们留下的踪迹。

尽管如此，他们还是派出了他们部落中最优秀、最勇敢的战士，希望他们能够爬到山上去，找回孩子。

他们尝试了一个又一个的方法，搜寻了一个又一个可能是山上部落留下的踪迹。尽管他们用尽了所有他们能想到的办法，但几天的艰苦努力也不过才前进了几百英尺。他们感到他们的一切努力都是无用的、没有希望的，他们决定放弃搜寻，返回山下的村庄。

正当他们收拾好所有登山工具准备返回时，他们却看到被绑架孩子的母亲正向他们走来，而且是从山上往下走。他们简直无法想象她是怎么爬上山的。

待孩子的母亲走近后，他们才看清她的背上用皮带绑着那个他们一直在寻找的孩子。哦！真是不可思议，她是怎么找到孩子的？这群部落中最优秀、最勇敢的战士都感到迷惑不解。

其中一个人问孩子的母亲："我们是部落中最强壮的男人了，我们都不能爬到那么高的山上去，而你为什么能爬上去并且找回孩子呢？"

孩子的母亲平静地答道："因为那不是你们的孩子。"

人生好滋味

"慈母手中线，游子身上衣。"父母之爱是平凡而又伟大的。古语说："儿行千里母担忧。"在父母眼里，我们永远都是孩子，无论儿女身在何方，总有一份浓浓的牵挂。他们的爱犹如春雨一直滋润我们成长，无论在何时何地，父母之爱都无处不在。尤其是子女在危难之中，他们会不顾一切，甚至可以创造奇迹。什么时候都不要忘了父母那深沉的爱。

真爱比生命更重要

故事一：

为了让蜜月过得特殊而有意义，新婚夫妇决定跟随探险队去探险。

在进行自由活动时，夫妇俩迷失在原始丛林中，没有仪器指定方向，没有食物填充，他们东奔西突，像无头苍蝇一样。

"我们还是分开来找吧，能多一线希望。"妻子鼓起勇气对丈夫说。

丈夫深情地看了看妻子，把她紧紧搂到怀里。夫妇俩相互鼓励一番后，分头寻找探险队伍。

刚走出不远，丈夫回过头来，脱下婚前妻子为自己织的毛线衣，并把毛衣上的线头交给妻子。

太阳一落，丛林中的气温骤然下降。毛线已拆到尽头，丈夫又脱下自己的毛线裤用它的线接上去。拆到最后，丈夫只剩下单薄的内衣冻死在丛林中。

第二天一大早，探险队伍发现了丈夫的尸体，他手上死死地捏着一根伸向丛林深处的毛线，沿着毛线伸展的方向，探险队员终于在十几里外的地方，找到了奄奄一息的妻子。

故事二：

一位交警讲述了一个感人的故事。

一辆轿车与一辆十轮货车相撞。在车祸现场，他看到刹车线与别的现场不同：刹车线是弯曲的。

而驾车的男人本可以幸免受伤的，却在车祸中撞断了双腿。原来在车快相撞时，司机都会出于本能地打方向保护自己，但这司机在打方向之后又把方向打了回来，因为他意识到旁边坐的是他最爱的人，他要牺牲自己换回爱人的生命。

可惜太迟了，当他的妻子离去的时候，微笑着拉着他的手说："这一辈子最无憾的事就是嫁给了你。"

人生好滋味

"生命诚可贵，爱情价更高。"真爱是全身心的付出；真正的爱不在于海誓山盟，而在于用心去对待爱人；真爱是在最危难的时候，宁愿舍弃自己的生命也会把生的希望留给爱人。

生命边缘的感动

这是第一次世界大战中的真实故事：

那是在1917年圣诞节前数周。欧洲原本美丽的冬日风景因战争而蒙上阴影。一方是美军，另一方则是德军。双方士兵各自伏在己方的战壕内，战场上的枪炮声不断响起。在两军之间是一条狭长的无人地带。

一位受了伤的年轻德国士兵试图爬过那无人地带，结果被带钩的铁丝缠住，发出痛苦的哀号，不住地呜咽着。

在枪炮声间隙之间，附近的美军都听到他痛苦的尖叫。一位美军士兵再也无法忍受了，他爬出战壕，匍匐着向那德国士兵爬过去。其余的美军士兵明白了他的意图后，便停止了射击，但德军仍炮火不辍，直到德国一位军官明白过来，才命令停火。

无人地带顿时出现了一阵空前的沉寂。那美国士兵爬到年轻的德国士兵身边，帮他摆脱了铁钩的纠缠，扶起他向德军的战壕走去。

当美国士兵把那德国士兵交给迎接的人转身准备离去时，突然，一只手搭上了他的肩膀。

他回过头来，原来是一位德军军官，他佩戴着铁十字荣誉勋章——德国最高勇气标志，他从自己制服上扯下勋章，别在美军士兵胸前，让他走回美军的阵营。

当美国士兵安全抵达己方战壕时，双方又恢复了那毫无道理的战事。

人生好滋味

真诚的爱心有一种无可抗拒的魔力。当一切都是那么无理的时候，当生命悬于一线之际，那一份生命边缘的真诚却足以撼动所有人的心。战场上你死我活的较量都会为真诚的爱心暂停，生活中又有什么能不为之感动？

第七味　品德
——打好品行基础，更易成功

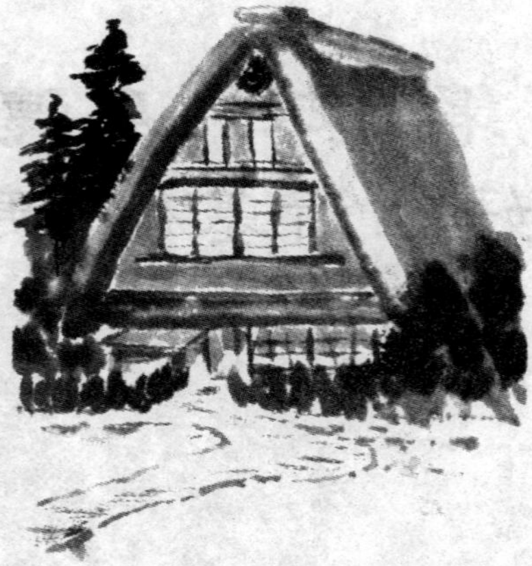

维护人格的尊严

布朗的母亲是在他七岁那年去世的,继母来到他家的那一年,小布朗十一岁了。

刚开始,布朗不喜欢她,大概有两年的时间他没有叫她"妈",为此,父亲还打过他。可越是这样,布朗越是在情感中有一种很强烈的抵触情绪。然而,布朗第一次喊她"妈",却是在他第一次也是唯一的一次挨她打的时候。

一天中午,布朗偷摘人家院子里的葡萄时被主人给逮住了,主人的外号叫"大胡子",布朗平时就特别畏惧他,如今在他的跟前犯了错,他吓得浑身直哆嗦。

大胡子说:"今天我也不打你不骂你,你只给我跪在这里,一直跪到你父母来领人。"

听说要自己跪下,布朗心里确实很不情愿。大胡子见他没反应,便大吼一声:"还不给我跪下!"

迫于对方的威慑,布朗战战兢兢地跪了下来。这一幕,恰巧被他的继母给撞见了。她冲上前,一把将布朗提起来,然后,对大胡子大叫道:"你太过分了!"

继母平时是一个没有多少言语的性格内向之人,突然如此震怒,让大胡子这样的人也不知所措。布朗也是第一次看到继母性情中另外的一面。

回家后,继母用枝条狠狠地抽打了两下布朗的屁股,边打边说:"你偷摘葡萄我不会打你,哪有小孩不淘气的!但是,别人让你跪下,你就真的跪下?你不觉得这样有失人格吗?不顾自己人格的尊严,将来怎么成人?将来怎么成事?"继母说到这里,突然抽泣起来。布朗尽管只有十三岁,但继母的话在他心中还是引起了震撼。他猛地抱住了继母的臂膀,哭喊道:"妈,我以后再不这样了。"

人生好滋味

自尊自强是一个人的身价标签,一个人如果自己都不尊重自己,又如何能得到他人的尊重和敬仰,想要他人看重自己,首先从严守自我人格尊严开始。

帮助别人解脱

纪伯伦年轻的时候，曾经拜访过一位圣人。

这位圣人住在山那边一个幽静的林子里。正当纪伯伦和圣人谈论着什么是美德的时候，一个土匪瘸着腿吃力地爬上山岭。

他走进树林，跪在圣人面前说："啊，圣人，请你解脱我的罪过。我罪孽深重。"

圣人答道："我的罪孽也同样深重。"

土匪说："但我是盗贼。"

圣人说："我也是盗贼。"

土匪又说："但我还是个杀人犯，多少人的鲜血还在我耳中翻腾。"

圣人回答说："我也是杀人犯，多少人的热血也在我耳中呼唤。"

土匪说:"我犯下了无数的罪行。"

圣人回答:"我犯下的罪行也无法计算。"

土匪站了起来,他两眼盯着圣人,露出一种奇怪的神色。然后他就离开了他们,连蹦带跳地跑下山去。

纪伯伦转身去问圣人:"你为何给自己加上莫须有的罪行?你没有看见此人走时已对你失去信任?"

圣人说道:"是的,他已不再信任我。但他走时毕竟如释重负。"

正在这时,他们听见土匪在远处引吭高歌,回声使山谷充满了欢乐。

人生好滋味

有时,在与人交往中,我们需要做的是安慰别人,而不是标榜自己。为了能够让别人快乐,自己忍受一些误解,又有什么关系呢?

责怪他人之前先弄清真相

杰克斯讲了自己的一个经历：

上星期五我闹了一个笑话。

我去伦敦买了点东西。我是去买圣诞节礼物的，也想为我大学的专业课找几本书。那天我是乘早班车去伦敦的，中午刚过不久我要买的都买好了。

我不怎么喜欢待在伦敦，太嘈杂，交通也太挤，此外那晚上我已经作好了安排，于是我便搭乘计程汽车去滑铁卢车站。

说实在的，我本来坐不起出租车，只是那天我想赶三点半的火车回去。不巧碰上交通堵塞，等我到火车站时，那趟车刚开走了。我只好等了一个小时坐下趟车。

我买了一份《旗帜晚报》，漫步走进车站的校部。在一天的这个时候校部里几乎空无一人，我要了一杯咖啡和一包饼干——巧克力饼干。我很喜欢这种饼干。空座位有的是，我便找了一个靠窗的。我坐下来开始做报上登载的纵横填字游戏，我觉得做这种游戏很有趣。

过了几分钟来了一个人坐在我对面，这个人除了个子很高之外没有什么特别的地方。可以说他样子很像一个典型的城里做生意的人——穿一身暗色衣服，带一个公文包。

我没说话，继续边喝咖啡边做我的填字游戏。忽然他伸过手来，打开我那包饼干，拿了一块在他咖啡里蘸了一下就送进嘴里。我简直难以相信自己的眼睛！我吃惊得说不出话来。

不过我也不想大惊小怪，于是决定不予理会。我总是尽量避免惹麻烦。我也就拿了一块饼干，喝了一口咖啡，再回去做我的填字游戏。

这人拿第二块饼干时我既没抬头也没吱声，我假装对游戏特别感兴趣。过了几分钟我不在意地伸出手去，拿来最后一块饼干，瞥了这人一眼，他正对我怒目而视。

我有点紧张地把饼干放进嘴里，决定离开。正当我准备站起身来走的时候，那人突然把椅子往后一推，站起来匆匆走了。我感到如释重负，准备待两三分钟再走。我喝完咖啡，折好报纸站起身来。这时，我突然发现就在桌上我原来放报纸的地方摆着我的那包饼干。

我刚才喝的咖啡马上都变成了汗水流了出来…

人生好滋味

不论在什么情况下,当我们要责怪别人的时候,一定要先检讨一下自己,搞清真相,即使责任在对方,我们也可以采取更宽容些的态度。

第七味 品德
——打好品行基础,更易成功

最好的消息

阿根廷著名的高尔夫球手罗伯特·德·温森多是一个非常豁达的人。

有一次温森多赢得一场锦标赛。领到支票后，他微笑着从记者的重围中走出来，到停车场准备回俱乐部。这时候一个年轻的女子向他走来。她向温森多表示祝贺后又说她可怜的孩子病得很重——也许会死掉——而她却不知如何才能支付得起昂贵的医药费和住院费。

温森多被她的讲述深深打动了，他二话没说，掏出笔，在刚赢得的支票上飞快地签了名，然后塞给那个女子，说："这是这次比赛的奖金。祝可怜的孩子早点康复。"

一个星期后，温森多正在一家乡村俱乐部进午餐，一位职业高尔夫球联合会的官员走过来，问他前一周是不是遇到一位自称孩子病得很重的年轻女子。

温森多点了点头，说有这么一回事，又问："到底怎么啦？"

"哦，对你来说这是一个坏消息，"官员说，"那个女子是个骗子，她根本就没有什么病得很重的孩子。她甚至还没有结婚哩！你让人给骗了！"

"你是说根本就没有一个小孩子病得快死了？"

"是这样的，根本就没有。"官员答道。

温森多长吁了一口气，然后说："这真是我一个星期以来听到的最好的消息。"

美国教育者威廉·菲尔说："真正的快乐，不是依附在外在的事物上。池塘是由内向外满溢的，你的快乐也是由内在思想和情感中泉涌而出的。如果，你希望获得永恒的快乐，你必须培养你的思想，以有趣的思想和点子装满你的心，因为，用一个空虚的心灵寻找快乐，所找到的，也只是快乐的替代品。"

人生好滋味

真正的成功也不仅是事业上的称心如意，更是心灵的完美淬炼，有美好品行的成功者也更让人钦佩。

应有的品质和高尚的品质

　　从前有一个富翁，他有三个儿子，在他年事已高的时候，富翁决定把自己的财产全部留给三个儿子中的一个。

　　可是，到底要把财产留给哪一个儿子呢？富翁想出了一个办法：他要三个儿子都花一年时间去游历世界，回来之后看谁做到了最高尚的事情，谁就是财产的继承者。

　　一年时间很快就过去了，三个儿子陆续回到家中，富翁要三个人都讲一讲自己的经历。

　　大儿子得意地说："我在游历世界的时候，遇到了一个陌生人，他十分信任我，把一袋金币交给我保管，可是那个人却意外去世了，我就把那袋金币原封不动地交还给了他的家人。"

　　二儿子自信地说："当我旅行到一个贫穷落后的村落时，看到一个可怜的小乞丐不幸掉到湖里了，我立即跳下马，从河里把他救了起来，并留给他一笔钱。"

三儿子犹豫地说："我，我没有遇到两个哥哥碰到的那种事，在我旅行的时候遇到了一个人，他很想得到我的钱袋，一路上千方百计地害我，我差点死在他手上。可是有一天我经过悬崖边，看到那个人正在悬崖边的一棵树下睡觉，当时我只要抬一抬脚就可以轻松地把他踢到悬崖下，我想了想，觉得不能这么做。正打算走，又担心他一翻身掉下悬崖，就叫醒了他，然后继续赶路了。这实在算不了什么有意义的经历。"

富翁听完三个儿子的话，点了点头说道："诚实、见义勇为都是一个人应有的品质，称不上是高尚。有机会报仇却放弃，反而帮助自己的仇人脱离危险的宽容之心才是最高尚的。我的全部财产都是老三的了。"

人生好滋味

恩将仇报的人和事是屡见不鲜的；有机会报仇却放弃，反而帮助自己的仇人脱离危险的人和事并不多见。但只有这么宽容和豁达的人，才能享受人生的最高境界。

第七味 品德——打好品行基础，更易成功

超越成败得失是非凡的成功

1997年3月的一场英超联赛中，利物浦对阵阿森纳队，此场比赛对双方都很重要，败者将与冠军无缘。

当比赛进行到六十三分钟时，利物浦的前锋福勒带球高速突破对方禁区，前面只有阿森纳的守门员希曼。为了避免冲撞到像疯了似的完全不顾自身安危、倒地扑球的对方守门员希曼，福勒在完全有把握将球射入对方球门的一刹那放弃了射门。

由于福勒带球突破时速度太快，又突然收得太急，他的身体失去了平衡而摔倒在地。

裁判以为是希曼把福勒扑倒的，作出了点球的处罚，并出示了红牌将希曼罚出场外。面对这种判罚，进攻的球员都感到庆幸，但福勒却向裁判再三解释，声明希曼并没有碰到他，是他自己倒下的，请求裁判收回处罚。

裁判被他这种崇尚公平、公正的气度所折服，修改了判罚，收回了红牌，但保持点球的判罚。福勒主罚点球时，他漫不经心地做了一个"温柔"的射门，故意将球正正地踢向希曼的胸前。

进球对一个职业足球运动员来说意味着荣誉，而福勒因崇尚竞技公平、公正和对生命的珍爱而放弃了两次进球的机会。在这场比赛中，全场观众对福勒所表现出的人性美和崇高的体育风范而鼓掌欢呼！他赢得了精彩，赢得了美德，赢得了所有人的尊敬。

人生好滋味

在生活中也是如此，争取胜利是十分重要的，但是在需要发扬崇高品德的时候，能够超越成败得失，是一种更高的精神境界，也是一种更大意义上的成功。

帮助他人，你也受益

两个钓鱼高手一起到鱼池垂钓。这两人各凭本事，一展身手，隔不了多久的工夫，都大有收获。

忽然间，鱼池附近来了十多名游客。看到这两位高手轻轻松松就把鱼钓上来了，不免生出几分羡慕，于是都到附近去买了钓竿来试试自己的运气如何。没想到，这些不擅此道的游客，怎么钓也是毫无成果。

那两位钓鱼高手个性截然不同，其中一人孤僻而不爱搭理别人，单享独钓之乐；而另一位高手，却是个热心、豪放、爱交朋友的人。

爱交朋友的这位高手，看到游客钓不到鱼，就说："这样吧，我来教你们钓鱼，如果你们学会了我传授的诀窍，而钓到一大堆鱼时，每十尾就分给我一尾，不满十尾就不必给我。"双方一拍即合，很快达成了协议。

教完这一群人，他又到另一群人中，同样也传授钓鱼术，依然要求每钓十尾回馈给他一尾。

一天下来，这位热心助人的钓鱼高手，把所有时间都用于指导垂钓者，获得的竟是满满一大篓鱼，还认识了一大群新朋友，同时，左一声"老师"，右一声"老师"地被人围着，备受尊崇。

同来的那一位钓鱼高手，却没享受到这种服务人们的乐趣。当大家圈绕着其同伴学钓鱼时，那人更显得孤单落寞。闷钓一整天，检视竹篓里的鱼，收获也远没有同伴的多。

人生好滋味

热心帮助别人，结果常常是双方受益。不愿给别人提供服务的人，别人也不愿给你提供方便。

第七味 品德——打好品行基础，更易成功

与人方便，与己方便

一个漆黑的夜晚，一个远行寻佛的苦行僧走到了一个荒僻的村落中，漆黑的街道上，络绎的村民们在默默地你来我往。

苦行僧转过一条巷道，他看见有一团晕黄的灯从巷道的深处静静地亮过来。身旁的一位村民说："瞎子过来了。"

瞎子？苦行僧愣了，他问身旁的一位村民说："那挑着灯笼的真是一位盲人吗？"他得到的答案是肯定的。

苦行僧百思不得其解，一个双目失明的盲人，他根本就没有白天和黑夜的概念，他看不到高山流水，他看不到柳绿桃红的世界万物，他甚至不知道灯光是什么样子的，他挑一盏灯笼岂不令人迷惘和可笑？

那灯笼渐渐近了，晕黄的灯光渐渐从深巷移游到了僧人身上。百思不得其解的僧人问："敢问施主真的是一位盲者吗？"那挑灯笼的盲人告诉他："是的，自从踏进这个世界，我就一直双眼混沌。"

僧人问："既然你什么也看不见，那你为何挑一盏灯笼呢？"盲者说："现在是黑夜吧？我听说在黑夜里没有灯光的映照，那么满世界的人都和我一样是盲人，所以我就点燃了一盏灯笼。"

僧人若有所悟地说："原来您是为别人照明了？"

但那盲人却说："不，我是为自己！"

"为你自己？"僧人又愣了。

盲者缓缓向僧人说："你是否因为夜色漆黑而被其他行人碰撞过？"

僧人说："是的，就在刚才，还一不留心被两个人碰了一下。"

盲人听了，深沉地说："但我就没有。虽说我是盲人，我什么也看不见，但我挑了这盏灯笼，既为别人照亮了路，也更让别人看到了我自己，这样，他们就不会因为看不见而碰撞我了。"

苦行僧听了，顿有所悟。他仰天长叹说："我天涯海角奔波着找佛，没有想到佛就在我的身边，原来佛性就像一盏灯，只要我点燃了它，即使我看不见佛，但佛却会看到我的。"

人生好滋味

好多人并不愿意帮助别人，却往往使自己陷入困境而不自知。当你为别人照亮路途的时候，也让自己避免了被他们碰撞。只有为别人点燃一盏灯，才能照亮我们自己。帮别人就是在帮自己，这是多么深刻的人生哲理！

帮助队友，你的成就更伟大

在一场 NBA 决赛中，NBA 中的一位新秀皮蓬独得三十三分，超过乔丹三分，而成为公牛队中比赛得分首次超过乔丹的球员。比赛结束后，乔丹与皮蓬紧紧拥抱着，两人泪光闪闪。

这里有一个乔丹和皮蓬之间鲜为人知的故事。当年乔丹在公牛队时，皮蓬是公牛队最有希望超越乔丹的新秀，他时常流露出一种对乔丹不屑一顾的神情，还经常说乔丹某方面不如自己，自己一定会把乔丹推倒一类的话。但乔丹没有把皮蓬当作潜在的威胁而排挤他，反而对皮蓬处处加以鼓励。

有一次乔丹对皮蓬说："我俩的三分球谁投得好？"

皮蓬有点心不在焉地回答："你明知故问什么，当然是你。"因为那时乔丹的三分球成功率是百分之28.6%，而皮蓬是26.4%。

但乔丹微笑着纠正："不，是你！你投三分球的动作规范、自然，很有天赋，以后一定会投得更好，而我投三分球还有很多弱点。"并且还对他说："我扣篮多用右手，习惯地用左手帮一下，而你，左右手都行。"这一细节连皮蓬自己都不知道，他深深地为乔丹的无私所感动。

从那以后，皮蓬和乔丹成了最好的朋友。而乔丹这种无私的品质则为公牛队注入了难以击破的凝聚力，进而使公牛队创造了一个又一个的神话。乔丹不仅以球艺，更以他那坦然无私的广阔胸襟赢得了所有人的拥护和尊重，包括他的对手。

人生好滋味

当今世界需要的是善于团结周围力量的统领人才，单打孤斗的独行者不仅不能发挥同伴的力量，甚至自己的才能也无法全面发挥。而乔丹这样帮助队友成功，不仅不会有损自己的光辉，反而会让自己有所增添，如此两相对比，高明可见。记住，成功不是某一个人的功劳，更多的是同伴共同的努力。所以，想要取得成功，首先不妨帮助队友提升能力。

第七味 品德——打好品行基础，更易成功

感谢你的对手

动物园新近从国外引进了凶悍的美洲豹供人观赏。

为了更好地招待这位远方来的贵客，动物园每天为它准备了精美的饭食，并且特意开辟了一个不小的场地供它活动，然而这位"客人"始终闷闷不乐，整天无精打采。

"也许是刚到异乡思乡情切吧？"大家想。

谁知过了两个多月，美洲豹还是老样子，甚至连饭菜都不想吃了。眼看着它就要不行了，园长惊慌了，连忙请来兽医多方诊治，检查结果又无甚大病。万般无奈之下，有人提议，不如在草地上放几只老虎，或许有些希望。

原来人们无意间发现，每当有老虎经过时，美洲豹总会站起来怒目相向，严阵以待。

果不其然，栖息之所有他人染指，美洲豹立刻变得活跃警惕起来，又恢复了昔日的威风。

人生好滋味

没有对手你会有高处不胜寒的孤独感；没有对手你会懒惰而停滞不前。对手会让你发掘出自身的潜能；对手会增强你的竞争意识，激励你奋进；对手会让你感觉到存在的意义。感谢你的对手，正是他们使你变得更杰出。

——第七味 品德——
打好品行基础，更易成功

宽容别人对自己的伤害

第二次世界大战期间,一支部队在森林中与敌军相遇,激战后两名战士与部队失去了联系。这两名战士来自同一个小镇。

两人在森林中艰难跋涉,他们互相鼓励、互相安慰。十多天过去了,他们仍未与部队联系上。

一天,他们打死了一只鹿,依靠鹿肉又艰难度过了几天。可也许是战争使动物四散奔逃或被杀光,这以后他们再也没看到过任何动物。他们仅剩下的一点鹿肉,背在年轻战士的身上。

这一天,他们在森林中又一次与敌人相遇,经过再一次激战,他们巧妙地避开了敌人。

就在自以为已经安全时,只听一声枪响,走在前面的年轻战士中了一枪——幸亏伤在肩膀上!后面的士兵惶恐地跑了过来,他害怕得语无伦次,抱着战友的身体泪流不止,并赶快把自己的衬衣撕下包扎战友的伤口。

晚上,未受伤的士兵一直念叨着母亲的名字,两眼直勾勾的。他们都以为他们熬不过这一关了,尽管饥饿难忍,可他们谁也没动身边的鹿肉。天知道他们是怎么度过的那一夜。第二天，部队救出了他们。

事隔三十年，那位受伤的战士安德森说："我知道谁开的那一枪，他就是我的战友。当时在他抱住我时，我碰到他发热的枪管。我怎么也不明白，他为什么对我开枪？但当晚我就宽容了他。我知道他想独吞我身上的鹿肉，我也知道他想为了他的母亲而活下来。"

"此后三十年，我假装根本不知道此事，也从不提及。战争太残酷了，他母亲还是没有等到他回来，我和他一起祭奠了老人家。那一天，他跪下来，请求我原谅他，我没让他说下去。我们又做了几十年的朋友，我宽容了他。"

人生好滋味

即使一个非常宽容的人，也往往很难容忍别人对自己的恶意诽谤和致命的伤害。但唯有以德报怨，把伤害留给自己，才能赢得一个充满温馨的世界。做不到宽容的人不妨多思考思考这句话："以恨对恨，恨永远存在；以爱对恨，恨自然消失。"

不要忘了自己的身份

爱丽娜刚从大学毕业,分配在一个离家较远的公司上班。每天清晨七时,公司的专车会准时等候在一个地方接送她和她的同事们。

一个骤然寒冷的清晨,爱丽娜关闭了闹钟尖锐的铃声后,又稍微留恋了一会儿暖被窝——像在学校的时候一样。

她尽可能最大限度地拖延一些时光,用来怀念以往不必为生活奔波的寒假日子。那一个清晨,她比平时迟了五分钟起床。可是就是这区区五分钟却让她付出了代价。

那天,当爱丽娜匆忙中奔到专车等候的地点时,时间已是七点五分。班车开走了。站在空荡荡的马路边,她茫然若失,一种无助和受挫的感觉第一次向她袭来。

就在她懊悔沮丧的时候,突然看到了公司的那辆蓝色轿车停在不远处的一栋大楼前。她想起了曾有同事指给她看过那是上司的车,她想:真是天无绝人之路。爱丽娜向那辆车跑去,在稍稍犹豫一下后,她打开车门,悄悄地坐了进去,并为自己的幸运而得意。

为上司开车的是一位温和的老司机。他从反光镜里看了她一会儿,然后,转过头来对她说:"小姐,你不应该坐这车。"

"可是,我今天的运气好。"她如释重负地说。

这时,上司拿着公文包飞快地走来。待他在前面习惯的位置上坐定后,才发现车里多了一个人,显然他很意外。

她赶忙解释说:"班车开走了,我想搭您的车子。"她以为这一切合情合理,因此说话的语气充满了轻松随意。

上司愣了一下,但很快明白了,他坚决地说:"不行,你没有资格坐这车。"然后用无可辩驳的语气命令道:"请你下去。"

爱丽娜一下子愣住了——这不仅是因为从小到大还没有谁对她这样严厉过,还因为在这之前,她没有想过坐这车是需要一定身份的。

以她平时的个性,她应该是重重地关上车门以显示她对小车的不屑一顾尔后拂袖而去的,可是那一刻,她想起了迟到在公司的制度里将对她意味着什么,而且她那时非常看重这份工作。于是,一向聪明伶俐但缺乏生活经验的她变得异常无助。

她用近乎乞求的语气对上司说:"不然,我会迟到的。所以,需要您的帮助。"

"迟到是你自己的事。"上司冷淡的语气没有一丝一毫的回旋余地。

她把求助的目光投向司机，可是老司机看着前方一言不发。委屈的泪水终于在她的眼眶里打转，然后，在绝望之余，她为他们的不近人情而固执地陷入了沉默的对抗。

他们在车上僵持了一会儿，最后，让她没有想到的是，他的上司打开车门走了出去。

坐在车后座的她，目瞪口呆地看着上司拿着公文包向前走去。他在凛冽的寒风中拦下了一辆出租车，飞驰而去。泪水终于顺着她的脸庞流淌下来。上司给了她一帆风顺的人生一次当头棒喝的警醒。

人生好滋味

　　自己犯下的错误应想方设法自己去弥补，不要把希望寄托在别人身上，别人没有理由和责任为你解忧。在任何时候，都不能忘记自己的身份，自己的问题就要首先想到自己扛起、自己解决，如此，才能使自己锻炼得更强。

第七味 品德
——打好品行基础，更易成功

善于从自己身上找原因

　　一个乐于助人的青年遇到了困难，想起自己平时帮助过许多朋友，他于是去找他们求助。然而对于他的困难，朋友们全都视而不见、听而不闻。

　　真是一帮忘恩负义的家伙！他怒气冲冲，他的愤怒这样激烈，以至于无法自己排遣，百般无奈，他去找一位智者。

　　智者说："助人是好事，然而你却把好事做成了坏事。"

　　"为什么这样说呢？"他大惑不解。

　　智者说，首先，你开始就缺乏识人之明，那些没有感恩之心的人是不值得帮助的，你却不分青红皂白地帮助，这是你的眼浊。

　　其次，你手浊，假如你在帮助他们的时候同时也培养他们的感恩之心，不致让他们觉得你对他们的帮助天经地义，事情也许不会发展到这步田地，可是你没有这样做。

　　第三，你心浊，在帮助他人的时候，应该怀着一颗平常心，不要时时觉得自己在行善，觉得自己在物质和道德上都优越于他人，你应该只想着自己是在做一件力所能及的小事。也不要总觉得你帮了别人，别人就应该投桃报李。

人生好滋味

愿意帮助别人，并在需要的时候希望自己得到别人的帮助，可以说是人之常情。但是真正豁达睿智的人，却善于从自己身上找原因，不会一味抱怨别人。

——第七味 品德——
打好品行基础，更易成功